主编 / 李巍

海洋资源
环境与经济

HAIYANG ZIYUAN HUANJING YU JINGJI

大连海事大学出版社
DALIAN MARITIME UNIVERSITY PRESS

图书在版编目（CIP）数据

海洋资源环境与经济／李巍主编. — 大连：大连
海事大学出版社，2024.9. — ISBN 978-7-5632-4581-9

Ⅰ.P74

中国国家版本馆 CIP 数据核字第 2024MV4854 号

大连海事大学出版社出版

地址：大连市黄浦路523号 邮编：116026 电话：0411-84729665（营销部） 84729480（总编室）

http://press.dlmu.edu.cn E-mail：dmupress@dlmu.edu.cn

大连天骄彩色印刷有限公司印装　　　　　　大连海事大学出版社发行

2024 年 9 月第 1 版　　　　　　　　　　　2024 年 9 月第 1 次印刷

幅面尺寸：184 mm×260 mm　　　　　　　　印张：6.75

字数：165 千　　　　　　　　　　　　　　印数：1～500 册

出版人：刘明凯

责任编辑：陶月初　　　　　　　　　　　　责任校对：刘长影

封面设计：解瑶瑶　　　　　　　　　　　　版式设计：解瑶瑶

ISBN 978-7-5632-4581-9　　　定价：18.00 元

前　言

当今世界进入知识经济与高科技快速发展的时代,随之而来的人口剧增、资源匮乏和环境恶化等攸关生存的巨大问题已给人类敲响了警钟,而全面开发利用海洋、积极发展海洋经济是解决上述问题的有效手段之一。基于此,我国高校与海洋、环境、生态等相关的许多专业,均把"海洋资源与经济"纳入课程体系当中。该门课程涵盖经济、法律、生物、环境、材料和海洋等诸多方面的内容,知识面广。本书编者根据多年的教学经验,跟踪海洋科学研究前沿,对海洋资源、环境与经济方面的相关知识进行了系统梳理,以适应我国海洋经济迅猛发展态势下的高等教育教学需要,希望能够对本科教学、学科发展和海洋资源经济知识的普及尽绵薄之力。

全书共六章。第一章为海洋与海洋经济,详细介绍了海洋资源与经济的基本概念。第二章为海洋资源的分类与分布,系统梳理了海洋生物、海洋矿产和海洋能源等多种资源的分布及经济开发特点。第三章为海洋经济的效益评价,阐述了海洋开发活动的成本和收益的概念,并详细介绍了海洋开发活动的财务效益评价和国民经济评价方法。第四章为海洋产业经济,梳理了第一、二、三产业和第零、第四产业的范畴和基本概念,并基于绿色航运特色,重点介绍了船舶运输业。第五章为海洋区域经济,分析了不同类型的海洋区域经济的特点和开发情况。第六章为海洋经济的可持续发展与海洋科技,提出了海洋生态系统和环境中存在的问题,介绍了海洋污染的基本概念和污染种类,以及海洋资源的保护措施。

本书的编写是在参阅了大量相关专著、教材和论文等研究成果的基础上完成的,在成书之际,编者向各位专家学者表示衷心的感谢。同时,感谢大连海事大学教务处和大连海事大学出版社为本书的出版提供的大力支持。大连海事大学研究生张宇、陈瑾影、王敏竹、辛若男、周思倪、吕玲霄参与了本书的编写,在此一并表示感谢。本书适合海洋资源和海洋环境保护、海洋经济可持续发展等研究领域相关的研究人员、教师、学生阅读学习。

虽然编者尽了自己最大的努力,但限于认知水平,书中错漏之处在所难免,恳请专家、同行和读者朋友们不吝赐教,提出宝贵意见。

编　者
2024 年 3 月

目　录

第一章
海洋与海洋经济

第一节 ◉ 海洋概述

一、海与洋

我们居住的地球分为大陆和海洋两部分,海洋面积比陆地面积大得多。据科学家们计算,地球的表面积为 5.1 亿 km²,海洋占据了其中的 70.8%,即 3.61 亿 km²,剩余的 1.49 亿 km² 为陆地,陆地面积仅为地球表面积的 29.2%。也就是说,地球上的陆地面积还不到地球表面总面积的 1/3。所以,宇航员从太空中看到的地球,是一个蓝色的"水球",而人类居住的广袤大陆更像是点缀在一片汪洋中的几个岛屿。广阔的海洋,从蔚蓝到碧绿,美丽而又壮观。人们经常说到"海洋"这个名词,但许多人却不知道,海和洋并不完全是一回事。那么,它们有什么不同,又有什么关系呢?

事实上,洋是海洋的中心部分,是海洋的主体。世界大洋的总面积约占海洋面积的 89%。大洋的水深一般在 3 000 m 以上,最深处可超过 1 万 m。大洋离陆地遥远,不受陆地的影响,水文和盐度的变化不大。地球上共有 4 个大洋,即太平洋、印度洋、大西洋和北冰洋,这些大洋水色蔚蓝,透明度很高,水中的杂质很少,每个大洋都有自己独特的洋流和潮汐系统。

海在洋的边缘,是大洋的附属部分。海的面积约占海洋的 11%,海的水深比较浅,平均深度从几米到二三千米。海临近大陆,受大陆、河流、气候和季节的影响很大,海水的温度、盐度、颜色和透明度,在陆地影响下会有明显的变化。夏季海水变暖,冬季水温降低,有的海域的海水还会结冰;在大河入海的地方或多雨的季节,海水盐度会变淡;由于受陆地影响,河流夹带着泥沙入海,近岸海水易浑浊不清,海水的透明度差。海没有自己独立的潮汐与海流,可分为边缘海、内陆海和地中海。边缘海既是海洋的边缘,又临近大陆前沿,这类海与大洋联系广泛,一般由一群海岛把它与大洋分开,我国的东海、南海就是太平洋的边缘海;内陆海是指位于大陆内部的海,如欧洲的波罗的海等;地中海是几个大陆之间的海,水深一般比内陆海深些。世界主要的海总数接近 50 个,太平洋所属海最多,大西洋次之,印度洋和北冰洋所属海的数量相近。

二、中国海洋

我国是一个海洋资源丰富的国家,海岸线漫长,海域辽阔。我国的东南两面被海洋所环抱,大陆海岸线绵亘南北,北起辽宁省的鸭绿江口,南至广西壮族自治区的北仑河口。濒临我国大陆的西太平洋边缘海有黄海、东海、南海以及内陆海渤海。四海相连,呈北东转南西向的弧形,环抱亚洲大陆的东南部。其北岸和西岸是我国大陆、中南半岛和马来半岛;东界与朝鲜半岛、九州岛、琉球群岛、我国台湾岛以及菲律宾相接;南至加里曼丹岛与苏门答腊岛。四海的自然地理区域范围,南北跨度约为 44 个纬度,跨越热带、亚热带和温带 3 个气候带;东西跨度约为 32 个经度,总面积超过 473 万 km^2。渤海、黄海、东海和南海四个海区的分界线是:渤海与黄海以辽东半岛南端的老铁山角至山东半岛北端蓬莱角的连线为界;黄海和东海以长江口北角的启东嘴至韩国的济州岛西南角连线为界;东海和南海以广东省南澳岛至我国台湾省南端的鹅銮鼻连线为界。依照《联合国海洋法公约》规定的 200 n mile 专属经济区制度和大陆架制度,中国拥有约 300 万 km^2 的管辖海域。

渤海古名沧海,是我国的内海,由山东半岛和辽东半岛所环抱,面积约 7.7 万 km^2。渤海东部以渤海海峡与黄海相通,渤海海峡宽约 105 km,南北向排列庙岛群岛,是我国的战略要地。渤海由辽东湾、渤海湾和莱州湾等组成,平均深度 18 m,最大深度 85 m。沿岸的重要港口有营口港、锦州港、秦皇岛港、天津新港等。

黄海是全部位于大陆架上的一个半封闭的浅海,因黄河入海携带大量泥沙使海水呈黄褐色而得名。习惯上将黄海一分为二,其间以山东半岛的成山角至朝鲜半岛的长山串一线为界,以北叫北黄海,以南叫南黄海。黄海面积约 38 万 km^2,平均深度 44 m,最大深度 140 m。我国黄海沿岸的重要港口有大连港、烟台港、威海港、青岛港、日照港和连云港港。

东海位于中国岸线中部的东方,西有广阔的大陆架,东有深海槽。东海的面积约 77 万 km^2,平均深度 349 m,最大深度 2 719 m,是一个较为开阔的浅海。在东海海域有我国的台湾岛、舟山群岛等岛屿。我国东海沿岸主要港口有上海港、宁波舟山港、温州港、泉州港、基隆港、高雄港等。

南海北依中国大陆,南接加里曼丹岛,西靠中南半岛和马来半岛,东濒菲律宾群岛,纵跨热带与亚热带,是以热带海洋性气候为主的海。南海面积约 350 万 km^2,平均深度 1 212 m,最大深度 5 559 m。南海海域岛屿众多,除面积仅次于台湾岛的海南岛和仅次于舟山群岛的万山群岛外,还有由 200 多个岛、礁和滩组成的东沙群岛、西沙群岛、中沙群岛和南沙群岛。它们像一串串珍珠镶嵌在南海之中。南海北岸的汕头、深圳、香港、广州、澳门、湛江、北海、钦州、防城港,是我国南方的重要对外贸易口岸。

三、海洋与国家的发展

在 21 世纪,随着经济的发展,海洋正日益成为人类第二生存空间。海洋是资源的宝库,海洋矿物资源是陆地的 1 000 多倍,海洋食物资源超过陆地 1 000 多倍;海洋是交通的要道,它为人类从事海上交通提供了最为经济便捷的运输途径;海洋是未来世界经济发展的希望所在,未来世界经济的发展一定程度上取决于海洋经济的增长速度。

海洋是地球上最广阔的自然地理区域,是地球上生命的诞生地,又是生命存在和发展的必不可少的条件。世界 3/5 的人口、中国 1/3 的人口居住在沿海地区。人类在开发、利用和保护海洋的过程中与海洋建立了密不可分的关系。只有从海洋在人类社会和经济发展中的地位和作用出发,才能从总体上把握海洋与人类的关系。海洋与国家的发展、繁荣有着十分密切的联系。

人类社会的发展、国家的繁荣,必将越来越强烈地依赖于海洋的开发利用。科学家们指出,当今世界面临着复杂而又紧迫的人口增长、粮食不足、资源枯竭、能源危机、环境恶化等问题。随着科学技术的进步,粮食生产虽然会有大幅度的提高,但由于耕地在不断减少,总产量不可能无限度地提高;淡水资源的供需矛盾日益突出;陆地主要矿产资源的可采年限大多为30~80 年,石油、天然气和油页岩只能开采几十到百余年,储量丰富的煤炭开采二三百年后也将所剩无几;城市在不断增加,人口过度膨胀。因此,人类需要开拓新的生存空间。海洋中蕴藏的资源极为丰富,海洋几乎可以提供人类所需的全部物质,人类当前面临的困境有望从海洋中找到解决的方案。

我国是一个拥有 14 亿多人口的发展中国家,人均占有陆地面积仅为 0.006 8 km²,远低于世界人均 0.04 km²的水平。而我国又是一个海洋大国,拥有约 1.84 万 km 的大陆海岸线,占世界海岸线的 7.3%,居世界第 8 位,是世界上海岸线较长的国家之一。我国拥有约 300 万 km²的管辖海域,沿海岛屿 6 500 多个,4 亿多人口生活在沿海地区,沿海地区工农业总产值占全国总产值的 60%以上。可见,我国的社会和经济发展将越来越多地依赖海洋,国家的前途与海洋的未来息息相关。因此,有必要向海洋要空间,包括生产空间和生存空间。

随着我国国民经济持续、快速、健康的发展,现有陆地资源的开发利用难度越来越大。然而,海洋中含有的丰富资源,足以提供巨量财富和需求保证。我国的海岸线长度、大陆架面积和 200 n mile 水域面积,在世界上排在前 10 位以内,在全球具有资源优势。我国海域中已知的海洋生物约 20 278 种,浅海域面积约 1.3 亿公顷,利用浅海发展养殖业,建设海洋牧场,可以形成具有战略意义的食品资源基地,使海产品至少可占全国食品等价粮食的 10%。我国海域石油、天然气资源十分丰富,仅南沙地区石油资源量就达 418 亿吨,这是保障我国国民经济发展的宝贵资源。

海洋经济是国家繁荣和发展的重要经济支柱之一。海洋开发是国家经济建设的重要组成部分,是国民经济持续、快速、健康发展的动力和源泉。开发海洋,可以使国家经济得到振兴,增强国家的经济实力。开发海洋可以促进和带动其他产业的发展并产生新的产业和产业群。产业与产业之间、产业群与产业群之间都密切相关,一个产业的兴旺发达往往会带动一系列产业的发展。例如,海洋石油工业的兴起,会影响和推动钢铁、冶金、土木建筑、造船、运输、化工、机械、仪表、电子、深海工程、海洋调查、盐业、海水淡化、海洋能源发电等产业的兴起,同样会影响和推动一系列工程技术的发展。大批海洋产业的兴起,势必影响国家的工业布局并优化国家的产业结构,还可增多就业机会。

第二节　海洋经济

一、海洋经济的界定

海洋经济是以海洋空间为活动场所或以海洋资源为利用对象的各种经济活动的总称。海洋经济的本质是人类为了满足自身需要,利用海洋空间和海洋资源,通过劳动获取物质产品的生产活动。

海洋经济与海洋相关联的本质属性是海洋经济区别于陆域经济的分界点,也是界定海洋经济内容的依据。按照经济活动与海洋的关联程度,海洋经济可分为以下三类:

1.狭义的海洋经济

狭义的海洋经济是指开发利用海洋的各类产业及相关经济活动的总和。海洋产业是人类利用海洋资源和空间进行的各类生产和服务活动,主要有以下五个方面:(1)直接从海洋获取产品的生产和服务;(2)直接从海洋获取的产品的一次加工生产和服务;(3)直接应用于海洋和海洋开发活动的产品的生产和服务;(4)利用海水或海洋空间作为生产过程的基本要素所进行的生产和服务;(5)与海洋密切相关的海洋科学研究、教育、社会服务和管理。海洋相关经济活动包括:(1)海洋经济发展的前期基础活动,包括海洋调查、海洋测绘、海洋资源勘探等;(2)海洋科技研究与开发,包括国家支持的基础性研究、高新技术开发等;(3)资源和环境保护工作,包括海洋环境监测、海洋生态建设、区域性海洋污染整治等,以便保证海洋经济可持续发展。

2.广义的海洋经济

广义的海洋经济是指为海洋开发利用提供条件的经济活动,包括与狭义海洋经济产生上下接口的产业以及陆海通用设备的制造业等。

3.泛义的海洋经济

泛义的海洋经济是指与海洋经济难以分割的海岛上的陆域产业、海岸带的陆域产业及河海体系中的内河经济等,包括海岛经济和沿海经济。海岛经济同海洋空间、海洋资源和海洋环境有着密切联系,从总体上讲海岛经济也属于海洋经济的范畴。海岛经济活动要比海洋经济活动范围宽广得多,特别是海岛有大小之分,那些较大的海岛,如我国的台湾岛和海南岛的经济更具有海岛经济的特色。但是,海洋经济是海岛经济的一个显著特色,正是从这个意义上说,海岛经济活动也是海洋经济活动。沿海经济特别是海岸带经济,如环渤海经济圈、东南沿海经济区、黄河和长江三角洲经济带等都应纳入海洋经济。海洋的地理区位优势对整个沿海地区经济的带动作用是很大的,临海工业、滨海旅游业、滨海城市建设也都要依托海洋,也属于海洋经济范畴。

二、海洋经济概念的内涵

客观对象的特有属性、本质属性反映到主观上,就是概念的内涵。海洋经济的本质属性是什么呢? 运用归纳法进行研究,即对各被认为是海洋经济范围的海洋经济活动和产业进行解剖,分析其被认为属于海洋经济是因为哪些性质,并概括出它们共同的属性(见表1-1)。

表 1-1　各种海洋经济活动和产业与海洋的依存关系

序号	海洋经济活动和产业	与海洋的依存关系	类别代码
Ⅰ	海洋工程建筑业	以海洋空间为特定活动场所	A
Ⅱ	海洋盐业、海洋化工业、海洋药物和生物制品业等	利用海洋资源为生产资料	A
Ⅲ	海洋工程装备制造业	产品以海洋活动为特定销售对象	A
Ⅳ	海洋渔业、海洋旅游业、海洋油气业、海洋矿业、海洋电力业等	利用海洋资源以海洋为活动场所或运送通道	A

续表

序号	海洋经济活动和产业	与海洋的依存关系	类别代码
V	海洋交通运输业	利用海洋资源以海洋为活动场所,专门为海上活动服务,并一定程度地利用海洋区位优势	A
VI	海洋科研教育	专门为海洋开发,支撑海洋经济发展	B
VII	海洋地质勘查、海洋生态环境保护修复、海洋信息服务、海洋管理等	专门为海洋开发,为其他海洋经济活动服务	C
VIII	海洋上游相关产业	制造涉海相关材料、设备	D
IX	海洋下游相关产业	通过产业链的延伸,对海产品进行再加工、销售并提供经营服务	E

类别代码说明:A类为海洋产业,B类为海洋科研教育,C类为海洋公共管理服务,D类为海洋上游相关产业,E类为海洋下游相关产业.

资料来源:《海洋及相关产业分类》(GB/T 20794—2021).

可以看出,各类海洋经济活动和产业之所以被看成海洋经济,是因为其某一方面或同时几个方面对海洋有特定依存关系。"对海洋有特定依存关系",就是"海洋经济"的内涵。

因此,海洋经济是活动场所、资源依托、销售或服务对象、区位选择和初级产品原料对海洋有特定依托关系的各种经济的总称。也可以说,海洋经济是从一个或几个方面利用海洋的经济功能的经济。

三、海洋经济的特点

海洋经济的特点是与海洋的特点相关联并由其决定的。海洋的巨型水体是海洋最基本的组成部分,是海洋与地球的另一地理单元——陆地的本质区别之所在,海洋经济与陆地经济的许多重大区别也是由此而来,这是人们认识海洋经济特点的基本出发点。海洋经济具有如下特点。

1.整体性

由于海洋水体的连续性和贯通性,使海洋的海岸带、海区和大陆架连为一体,从而使领海、专属经济区和公海也形成了连通。海洋资源的开发利用具有相互依存性。各部门、各区域和各企业之间,凭借港口、船舶和海底电缆等运输和通信设施,以海洋水体为纽带建立了特定联系,突破了陆地空间距离的限制,使海洋经济具备了很强的整体性。

2.综合性

由于海水介质的三维特性,不同水层存在不同的资源,因此可以从不同方面加以开发利用。例如,在同一水域,海面可以航行,海面下可以渔牧,海底可以采矿等。所以,海洋经济是一个多层次、复合型的综合经济体系。只有综合开发利用海洋,才能产生最大的经济效益。

3.公共性

海洋资源是公共性资源,开发利用海洋资源的海洋经济也是公共经济。一个国家巨量的海洋资源以及海洋资源的不可分割性,决定海洋资源的所有权不能确定给个人或企业所有,只能由公众或国家占有而成为公共资源。海洋资源公共性又决定了海洋资源开发利用上的共享性与竞争性并存。资源的共享性使得所有个人和企业不需要付费或只需要付很少的费用就能开发利用,资源的竞争性使得开发利用有限的海洋资源的个人和企业过多,过量使用海洋资源会造成资源的破坏、衰退甚至枯竭。因此,加强对海洋资源开发利用的引导和管理非常必要。

4.高技术性

人类在海洋环境中从事生产劳动,必须借助于专用的技术装备,如船舶、潜水器等具备抗风浪能力的设施,从而加大了海洋经济活动的技术要求和对高技术的依赖性。海洋经济发展的历史也就是海洋技术发展的历史。到了现代,人类凭借现代物质装备和科学技术才能有效地开发利用海洋资源,也才由此产生了具有独立意义的海洋经济。

5.国际性

海洋的连通性和流动性,决定了海洋经济具有国际性。由于海水水体是流动的,以及海洋生物具有向水平方向迁移的特点,许多自然资源尤其是生物资源也是流动变化的。例如,海洋鱼类的洄游不受地域和国界的限制,给一些地域和国家带来经济利益;海洋的各种污染会随着海水的流动迅速扩散,海洋水体一旦发生污染等灾害,其蔓延速度快、影响面积比较大,一个国家某一海域的污染有时也会使其他国家的海域同样遭受经济损失,控制和治理的难度也比较高。如何划分海洋权益,切实行使海洋管辖权,是国际上海洋管理的难题。世界各国包括海洋国家和内陆国家在内,在开发和利用海洋资源,发展海洋经济中,既存在利益的一致性,又存在利益的矛盾性。这就需要在《联合国海洋法公约》确立的原则基础上,开展广泛的国际合作。

第三节 ◉ 海洋生产力

一、海洋自然力与海洋自然生产力

一般说来,海洋生产力有两种不同的提法,即海洋生物学家所说的海洋生产力,与海洋经济学家所说的海洋生产力。前者实际上是一种海洋自然力,后者指的是海洋自然生产力和海洋社会生产力。

海洋自然力是由海洋自然条件(自然生态系统)的各种因素相互作用而产生的一种力量,如风力、波浪力、潮汐力、对海岸的侵蚀力、对废物的净化力、对海洋生物的养育力等。在未经人类特有的活劳动或物化劳动利用之前,海洋自然力只是一种潜在的生产力因素。

在海洋科学研究中,海洋生物学家常常使用海洋生产力、海洋初级生产力、海洋次级生产力、海洋终端生产力等范畴。这些范畴虽然使用了海洋生产字眼,但这里所说的海洋生产力并不是社会生产力和自然生产力,而是一种海洋自然力。

海洋生产力又叫海洋水域生产力,是指海洋生物具有的固定或转换有机碳的能力。这种能力通常用能量单位"克/平方米·年"来表示。根据其在生物"食物链"中所处的等级,又可分为初级生产力、中(次)级生产力和高级(终端)生产力三种类型。初级生产力是指浮游植物等通过光合作用固定有机碳的能力;中(次)级生产力是指草食动物转化有机物的能力;而高级(终端)生产力则是肉食动物转化有机物的能力。某一水域生产力的大小,与水域中的营养盐、生物种类的构成有关。水域中生产的经济生物产量越多,水域生产力也越大。显然,这里的"生产"只是一种海洋自然行为,与劳动者的行为无关。因此,从经济学的角度看,它并不是真正的生产,而是自然界的一种自发的"产生"。

海洋自然生产力是在海洋自然力的基础上,被人类利用而形成的。它是海洋自然条件被纳入社会生产力系统、作为人类生产的因素或条件时,所具有的一种创造财富的能力。并非所有的海洋自然力都是海洋自然生产力,只有当"被活劳动抓住并赋予生命"时,海洋自然力才能转化为社会劳动的因素。例如,在海洋渔业生产活动中,人类通过对海洋自然力的利用、控制、保护和提高,进行捕捞生产和海水养殖,这时的海洋自然力就已经转化为一种海洋自然生产力。同样道理,波浪、海流、潮汐等自然力,可以转化为海洋能源生产力、海水净化生产力等。

由上述分析可知,海洋自然生产力的本质特征在于,它既不是人类劳动本身,又不是单纯的自然现象,而是一种已经被人类赋予某种生产的目的,并且已经有了人类的劳动投入,已对其原始状况进行了改造的自然生产力。

二、海洋社会生产力

海洋社会生产力是反映人类与海洋之间相互联系与相互制约关系的重要范畴,是人类利用、改造、征服海洋,以获取海洋财富的现实能力。人类与海洋的矛盾是海洋经济发展的基本矛盾。解决这一矛盾的基本途径,就是人类不断用各种物质技术手段装备自己,用自己的智力和体力利用、改造海洋的物质力量。

海洋社会生产力与海洋自然生产力的关系,是整体与部分的关系。海洋社会生产力是社会生产力在海洋领域的体现,它的行为主体是人类,是人的劳动与包括自然资源、自然条件在内的各种物质资料的结合。不同的海洋产业部门利用不同的海洋自然生产力,如渔业利用海洋水域生产力、电力工业利用海洋的潮汐生产力、环境保护产业利用海水的净化生产力等。但是海洋的自然生产力始终只是社会生产力的因素或条件之一,例如在海洋信息产业中,海洋自然生产力的作用微乎其微,可以忽略不计。因此,本书使用的海洋生产力一词,在未做特别说明时,一般都是指海洋社会生产力。

海洋社会生产力是一个多层次的相互关联的系统。恩格斯说:"关于自然界所有过程都处在一种系统联系中的认识,推动科学从个别部分和整体上到处去证明这种系统联系。"社会生产力是一个由劳动者、劳动资料、劳动对象等实体性要素,生产管理、经济信息等运筹性要素,科学技术、现代教育等渗透性要素组成的社会大系统。海洋社会生产力状况受多种因素、条件的影响,与劳动力的体力和智力,劳动工具的效能,纳入劳动对象范围的海洋资源的种类、数量、密度,可供实际使用的能源,管理方式和生产组织制度等,组成一个多层次的相互关联的大系统。海洋社会生产力运作的过程,就是海洋开发者运用自己的体力和智力,通过信息传递,借助劳动工具、能源和其他自然力,对海洋资源、初级产品进行物质转换的过程。把发展海洋社会生产力仅仅归结为改善系统的个别要素,归结为改善过程的个别片段,与增加渔船数量、扩大养殖面积、开辟盐田、建设港口等,都是不全面的。在微观、中观、宏观层面上,都要把海洋社会生产力作为一个整体去经略,关照好各部分、各环节的比例和衔接。

三、影响海洋生产力发展的主要因素

海洋生产力的发展受到多种因素的影响,其主要的因素有:

1.资源供给

一般说来,海洋资源是指海洋生产力发展所必须投入的各种基础性条件。它们的数量、质量、种类、分布、形成时间等,对海洋生产力的发展有着重要的影响。

(1)海洋自然资源

海洋自然资源是对海洋产业发展和布局有重要影响的天然要素,如海域、海岛、滩涂、海洋气候、海洋生物、海洋矿产、淡水资源、旅游资源等。包括已经开发、正在利用的资源和有潜在开发价值的资源。前者的供给状况直接决定和影响产业结构;当技术水平达到开发要求时,后者将成为未来产业形成和发展的基础。当然,自然资源对生产力的影响程度在经济发展的不同阶段也是不同的。一般说来,在技术水平较低时,资源供给结构基本是可以左右产业结构的;随着科学技术的发展和对外经济交流的加强,这种影响将逐步弱化。在海洋生产力水平一定的情况下,不同的自然条件使各地的劳动生产率有所不同。在商品经济条件下,人们总是选择投入较小而产出较多的经济开发方向,形成海洋产业的劳动地理分工,这就要求在海洋产业布局时一定要因地制宜。自然条件对不同类型的海洋产业的影响差异很大。海洋第一产业中的海洋渔业和海洋第二产业中的滨海采矿业都是以自然条件作为其劳动对象的,因而自然条件对于这两种产业具有决定性的影响,而对海洋第二产业中的其他产业和海洋第三产业来说,其对自然条件的依赖性则相对小得多,主要在地理区位、淡水等环境因素上影响企业的投资效益和经营成果。

(2)人力资源

人力资源是指具有劳动技能的劳动者的供给量。它作为生产力要素中经验能动作用的要素,其思想观念、文化素质、知识结构、生产技能等,在较大程度上影响着海洋生产力的发展。低素质的劳动力缺乏产业结构向高级阶段发展的可移性。劳动力数量充裕,价格便宜,投资者为了获得高收益,必然向劳动密集型产业倾斜;反之,劳动力的边际产出率小于资金的边际产出率时,投资方向的转移就会推进资金密集型产业的进一步发展。劳动力数量多、素质好的地区,有利于海洋产业的布局,反之则影响海洋产业的布局。

(3)资金资源

资金资源是生产要素最一般的代表,可以通过市场方便地转换为其他具体的生产要素。它的供应量、使用价格及投向,对海洋生产力系统的规模、构成、分布、运行周期等的作用是全面性的。在不考虑引进外资的情况下,一国资金的投入规模主要取决于居民储蓄。收入水平低,储蓄倾向小,可供生产使用的资金就短缺,也就制约产业结构的调整和区域布局,限制生产规模的扩大,迟滞生产发展的速度,尤其是限制海洋资金密集型产业的发展。

(4)生产技术体系

海洋科学技术发展水平越来越成为影响海洋生产力结构、规模、布局、速度的决定性因素。随着海洋科技水平的不断提高,人类可以不断地发掘新的海洋资源。例如,原来人类只能开发利用近海渔业资源,随着捕捞科技的提高,已经可以捕捞深海远洋的渔业资源。随着水产品加工保鲜能力的不断提高,一些原先不宜捕捞的品种,现在也已成为捕捞业中的大宗产品。技术的发达,使开发单一品种变为开发多种品种,从而分散了对某一原材料的利用。随着通信技术的提高、交通运输设施的完备,海洋产业布局在很大程度上摆脱了空间的束缚,例如中国的鲜活渔业,其产品可以空运到日本等国。这为海洋产业的布局提供了更为广阔的空间,它减弱了海洋产业布局对能源的依赖。随着科技的进步,一方面使单位产品的能耗量不断下降;另一方面,电力等能源设施的改进与加强,也使得一些比较偏远、原来无法布局发展海洋产业的地方发展海洋产业。

2.市场需求

随着社会主义市场经济的发展,市场机制配置生产力要素的作用越来越有效。市场需求成为生产力组合方式的引导性力量。主要通过以下几个方面发挥作用:

(1)个人消费需求

个人消费需求是指个人在衣、食、住、行、文化、娱乐、保健、旅游等方面的消费需求。其数量、构成将直接影响消费资料产业部门的发展,间接影响给消费资料产业提供生产资料的产业部门的发展,最终影响整个生产力系统的结构。德国社会学家恩格尔1875年发表了《萨克森王国的生产与消费状况》一文,揭示了随着人均收入水平的提高,人们在食物消费方面的支出比重趋于减少的规律。由于人们对食品的需求减少,投资将转向耐用消费品、娱乐和旅游,从而推动了第三产业的发展。根据马斯洛的需求理论,随着社会的发展,人的需求是从低层次向高层次演进的。这些演进都影响了产业结构的变化。在“生理性需求占统治地位”的阶段,人们对食品和轻工业产品的需求占主要地位,农业和轻工业的规模大、比值高、发展速度快;进入“追求便利和机能”的阶段,促进了生产耐用消费品产业及其工业原料产业的迅速增长,重工业的地位不断提高;进入“追求时尚与个性”的阶段,多样化、多功能、高精密产品成为人们新的消费热点,产业出现了高加工度化、高科技化的发展趋势。市场条件对海洋生产力布局的影响主要是通过生产或经营的目的而发挥作用。一方面,市场需求的动态变化,导致布局的项目种类和规模发生变化;另一方面,对那些原材料运输量小于或等于产品运输量的海洋产业来说,布局应尽量接近消费地。

(2)社会再生产需求

一定时期内一国的国民收入是一个常量,在不考虑引进外资的条件下,积累和消费是此消彼长的关系,投入第一部类的生产要素多了,投入第二部类的要素就少,反之亦然。因此,积累和消费的结构,影响整个国民经济的大的比例和规模。由于两大部类产业的布局不是任意的,受资源、产地、运输等条件制约,因此生产力结构必然关联到空间布局。与积累和消费密切相关的一个问题是中间需求和最终需求的关系问题。专业化程度越高,最终产品的性能和制造技术越复杂,对中间产品的依赖程度越大。两类产品的需求结构、数量、产地、次序等,决定着生产它们产业的相应状况。

(3)国际贸易

国际贸易使得社会生产力不再是一个封闭的系统,从而影响生产力组合方式的因素和条件也突破了一国的范围。外来的物资、产品、资金和技术,都在一定程度上成为起作用的外部力量。日本经济学家赤松要的“雁行产业发展形态说”和美国企业问题专家弗农的“产品循环说”,揭示出在国际经济技术交流的不同历史阶段,相继出现进口浪潮、国内生产浪潮、出口浪潮;国际贸易推动比较发达的国家产业发展经历“新产品开发→国内市场形成→出口→资本和技术出口→进口→开发更新的产品……”循环上升的过程。国际贸易对生产力空间布局的影响主要表现在:靠近国际市场的区域,引进外资、外技密集的区域,经济的规模、集约程度也高于其他地区,并具有较强的辐射、扩散功能。

3.社会环境

社会环境包括一国海洋生产力发展所具有的基础设施条件及经济、政治、社会、历史、传统、习俗等人文环境因素。

（1）海洋生产力基础和基础设施条件

对于海洋新产业的布局，应考虑原有海洋生产力的条件，作为海洋二、三产业的布局，一般应以城市或城镇为依据，充分利用原有生产力基础；作为海洋第一产业布局，也应充分考虑选择那些在当地有过养殖基础的项目，这样可节省培训费用，使项目尽快启动。此外，为生产和生活服务的基础设施，也是海洋产业布局时必须考虑的因素，尽量布局在供水、供电、交通方便、通信便捷的地区。

（2）经济环境与内外协作条件

经济环境既指基础设施、文教卫生等硬环境，又指政策、管理水平、人员素质等软环境。创造良好的经济环境，是吸引投资，引导海洋产业在本地投资的良好途径。内外协作条件好的地区，人流、物流、财流通畅，合作顺利，可减少海洋产业布局的一次性投资以及建设风险，促进企业发展，因此，海洋产业布局一般都选择内外协作条件好的地区。

（3）国际政治关系

海洋产业虽然属于国民经济基础范畴，但与国际政治因素密不可分。因此，在制定海洋产业战略时，就必须充分分析和正确估计国际经济与政治的基本状况，在估计能够争取到较长的和平建设阶段时，对海洋产业的布局，就不宜突出安全条件；若面临紧张的国际局势，则应强调海防前哨的作用，海洋产业布局就要做相应的变化。

除上述因素外，一个国家或周边地区的社会、历史、人文习俗等因素对于海洋产业的开发也有着非常大的影响。在制定海洋产业发展规划与实施开发的过程中，必须对这些因素有足够的认识并采取相应的政策措施，尊重当地的民风民俗，妥善保护当地群众的合理利益和生存环境。

第四节 ◉ 海洋生产关系

一、海洋生产关系的含义

海洋生产关系是拥有海洋国土的国家或地区一定时期内社会生产关系的重要组成部分，是一个国家一定时期内社会经济关系在海洋领域的具体表现，是海洋经济活动中各种利益主体之间的各种关系的总和。海洋生产关系包括海洋经济系统的内部关系和外部关系。例如海洋企业内部的各种关系，海洋产业部门内部的各种关系，海洋区域内部的各种经济关系，海洋部门与部门、区域与区域之间的各种关系，海洋经济与国家整个国民经济体系的关系，海洋经济发展中的对外经济关系等。

海洋生产关系具有鲜明的社会性和复杂性，研究海洋经济关系，不能脱离一定的社会历史条件，更不能只谈自然资源，只谈技术问题而离开相应地域的社会历史和经济政治环境，必须从社会科学的角度，探讨与海洋地域密切关联的、复杂而深层的经济利益关系，包括管理体制以及与海洋经济发展与开发相关的生产关系的生产、交换、分配和消费等各个环节。

二、海洋生产关系的特殊性

社会生产关系是一个复杂的系统,生产资料所有制是生产关系的基础,它决定各种社会利益集团在社会上的地位和彼此的相互关系,决定产品的分配方式;社会再生产过程中的直接生产、分配、交换和消费也是互相作用的。海洋生产关系是社会生产关系的一个重要组成部分,由于海洋经济的特殊性,比如海洋资源特殊的自然属性、特殊的地理区位和与周边国家不同社会历史特性的相互特殊关系,决定了海洋生产关系特殊的复杂性。

1.产权界定的模糊性

在海洋生产关系中,由于所有制关系缺乏明确性和规范性,对资源占有的多寡是与占有者的占有能力相联系的,从而导致了海洋生产关系中产权界定的模糊性。

海洋作为人类的天然器官难以适应的特殊环境,长期与人类活动的使用与占有能力呈正相关。从人类社会发展的历史与海洋的相互关系来看,人类史上曾有过漫长的海洋"无所有权"时期。古罗马曾提出海洋归罗马所有的主张,英国国王在 10 世纪也曾宣布自己为不列颠海洋之王,但那时其他民族并未表示有任何的异议。从 15 世纪末到 16 世纪初的达·伽马、哥伦布、麦哲伦的航海大发现,也只是发现新大陆或通向大陆的道路而不是海洋领土本身。1609 年荷兰法学家格劳休斯发表了《海洋自由论》,论证了海洋不得为任何国家占有,也不应为任何国家控制,而应为各国自由利用。

随着资本主义的发展,海外贸易和殖民掠夺中出现了海域争端。1618 年塞尔丹在其《海洋闭锁论》一书中,首次指出了海洋的许多部分事实上已被占有。到了 18 世纪,沿海国家划分一定近海海域的"领海"概念才逐步形成。

一方面,20 世纪以来,尤其是第二次世界大战以后,国际社会开始利用国际海洋法来协调国际争端。但迄今为止,海洋也只是以国家的名义被占有。在一国范围内,海洋只是归中央政府所有,地方省级政府的海洋疆界尚未划分,至于临海市、县级政府和集体企业与海洋产权的关系更无从谈起。这些与大陆上的土地和资源的产权关系是完全不同的。

另一方面,由于所有权模糊导致了占有方面的非规范性。人们在对海洋的占用上缺乏相应的法律约束,导致了"谁想占用谁占用,谁能占用谁占用"的混乱局面。西方称为"公地悲剧"。海洋资源并不是公共物品,但是由于分割和固定占有的困难,事实上被公共物品化了。这样,海洋名义上是国家的,但海洋资源只有少数国有企业在利用,多数海洋企业是集体和私人的企业,从而形成所有权与使用权的脱节和分离。这是海洋经济发展中一个很深刻的矛盾。这一矛盾又引发了一系列的矛盾,如海洋资源的增殖、保护与受益在主体上的错位,即,资源的调查、勘探、开发投入的是国家,但由企业得好处,企业不计资源成本地对海洋资源进行掠夺性开发,并获取超额利润。从渔业捕捞的情况看,存在着典型的"公共池塘资源"现象,"不捕白不捕,我不捕别人捕"的心理很普遍。例如,曾经出现过的在鳗鲡孵化季节,长江口抢捕鱼苗的"鳗鱼大战";渤海湾对虾捕捞季节,万船云集,反复扫荡,剿灭与伤害大量的仔幼体。

从对海洋的占用来看,产权界定的模糊性,导致了占用取决于既定的经济实力。实力越强,控制海域的范围越大,使用的资源数量越多,获得的超额利润越大,排挤和压制竞争者的能力也越大,形成马太效应。

2.国土归属的差异性

国土归属的差异性,即海洋国土不同组成部分的法律地位差异性显著,由此产生的经济关系也有种种区别。大陆国土不论是高山和平原,不论是东西南北中,其法律地位是相同的。海洋国土则大不相同。就国家而言,对于海洋不同组成部分所拥有的利用权和管辖权是有明显差别的。

按照《联合国海洋法公约》,地球上所有国家(包括内陆国)经一定的法律程序,在承担一定的国际义务的前提下,都对国际海底区域和上覆水域(公海)的自然资源拥有一定的利用权。例如,对大洋多金属结核,经过向国际海底管理局申请登记,缴纳一定的费用,可以勘察两块价值相同的区域,在上缴一块后,另一块可以开采。对于国际海底上覆水域中的渔业资源,在遵守有关国际条约或区域性规定的条件下,也可以利用。显然上述利用是没有固定空间和时间的。专属经济区和大陆架已经是国家海洋国土的范畴,它们都是从领海基线向外延伸到最多200 n mile处,所不同的只是国家对大陆架的权利只限于海床和底土。在这个范围内,国家对存赋其中的自然资源有进行经济性勘探和开发、养护和管理的主权权利。但固定性人工岛屿、设施和结构的建造需要按照有关条约规定进行。领海原则上与大陆领土拥有相同的国家主权,但是国际条约规定了"无害通过"条款加以限制,在和平时期国际航道必须保持畅通。只有内海水即领海基线向陆一面的海域与河流湖泊等内陆水一样享有绝对的权利,港口虽然在内海水范围内,但按照国际条约也要在和平时期对外平等开放。由此看来,国家对海洋国土的不同层次所拥有的经济权利也是不同的,往往受到国际法律或惯例不同程度的限制。从而各当事者的关系也复杂多样。

近年来,国家职能部门和一些学者正在研究中央和地方在海洋管理上的事权分工问题。主流的意见是,大体上以领海基线为准,领海基线以外由国家统一管理;领海基线以内由沿海省(自治区、直辖市)管理。届时又会出现新的经济关系,例如中央政府与地方政府之间的关系,各沿海省之间的关系;如果每个沿海省继续划分地、市、县之间海域使用的界限,情况则更加复杂。

3.海洋资源的流动性

由于海洋边界模糊,有些资源不断变动,经济权利难以固定和确保。海洋资源和空间在占用上的多样性和不确定性,除了法律上和行政制度上的因素,还有海洋资源和环境自然特性方面的原因。茫茫大海没有像大陆上山川河流那样有明显和固定的划界标志,人工建立界碑、界牌也很困难。因此,即便规定了边界,往往在实际操作和管理上也很难实行。而且像鱼群这样的自然资源,是在大范围内洄游的,无法固定分配给哪个省、哪个市。因此,即使在一个国家、一个省范围内,海洋空间和资源也只能大体上进行划分,或者在很小的、可控制的范围内进行划分。大陆上普遍推行的以土地的分割为基础的农业家庭联产承包责任制,不能简单地搬用到海上。这种特殊情况,使得各行为主体之间的摩擦和纠纷难以避免。

4.产业分布的立体性

海洋各产业以海水为同一介质立体分布,分割困难,相互影响强烈。目前海域的利用还是很不均衡的,有些区域仍然人迹罕至,但是有些区域、主要是资源密集的区域,各种产业纷纷下海,呈立体分布,聚集度很高。从大的范围看,大陆上的产业也可以说是立体分布的,即除了平面分布之外,高山、高原、平原、湖泊、山顶、山腰、山脚,可以看成有一定斜度的垂直分布。但是海洋上的垂直分布是可以没有斜度的,即在与海平面成90°的方向,自上而下可以是水面为航道,水中为筏式养殖,海床为底播式养殖,海底为矿物开采,等等。如果这些产业经营者是同一主体,关系还容易协调;否则矛盾就很尖锐。由于海洋是一个连续的水体,各种产业活动对自然界的加工改造方式千差万别,各种海洋产业虽然有的可以互利,但是干扰、损害甚至对立是比较普遍的。

5.经济关系的国际性

在世界经济一体化的进程中,国际交往日益频繁,海洋是最宽阔的国际通道,其把世界上大多数国家和地区连接起来。各国的社会经济活动都离不开大规模的交易;海洋运输具有运费低、运量大等优点。这就使得海洋成为国际经济联系最方便有效的通道,也就使得海洋经济关系成为最具国际性的关系。对一个沿海国家来说,海洋既是它与相邻或相向国家之间的天然边界,又是它们之间打交道的媒介。而各国之间的关系既有互利的一面,又有相互制约的一面。这就使得海洋经济关系错综复杂。其中海洋权益的争夺成为一个十分突出的问题。20世纪后半叶以来,国际上掀起了一个"蓝色圈地运动"的热潮。目前世界上海洋国土边界之争,已经通过谈判达成协议的划界条约就达50余个。我们知道,法律是调整社会关系的重要工具。联合国在1958年就召开了第一次海洋法会议,但在1982年才出台了《联合国海洋法公约》。这部法律就是用来调整国际海洋经济政治关系的。

6.海陆经济的交织性

海洋与陆地密不可分,海洋经济往往与大陆经济交织在一起。海洋的边界是由大陆的位置和形状决定的,汪洋大海中也有许多小的陆地——岛屿。人类的进化最后是在陆地上完成的。陆地是人类的第一生存空间,也是最主要的活动基地,所以发展海洋经济必须以陆地为依托。海洋产业和陆地产业的生产链有时互相衔接,"你中有我,我中有你";多数海洋产业与大陆产业存在历史的渊源。尤其是在海岸带地区,海洋产业与陆地产业密集地分布在一起,临海工业既利用海洋资源又利用陆地资源。这便给经济统计工作中的产业分类带来极大的困惑,至今还是学术上一个没能很好解决的课题。这就更加增添了海洋经济关系的复杂色彩。

三、海洋生产关系的调整

生产力和生产关系是物质资料生产方式的两个方面,生产力决定生产关系,生产关系一定要适合生产力的发展状况,这是历史唯物主义关于生产关系与生产力矛盾运动的基本规律。只研究生产力的运筹,不研究生产关系的调整,或者反过来,都是不行的。研究海洋经济必须全面地注意到这两方面的关系。

在现实的社会经济关系中,经常存在着生产关系对生产力不能适应的状况,一般表现为生产关系的"滞后",但有时也表现为生产关系的"超前"。这两种情况都是有害的,都要进行调整。

海洋生产力和生产关系由于其自身的特殊性,某些在陆上成功的生产组织形式,不能机械地照搬到海上来。在经济体制上,更要注意采取灵活的形式。例如,陆地种植业中的"家庭联产承包制",在捕捞渔业中就不适用。在辽阔的海洋上作业,尤其在远洋捕捞作业中,没有集体组织的力量,是不能抗拒恶劣的海洋环境的,依靠一定规模的群体,"对船作业"等是必须坚持的;要在坚持中完善其具体的生产和管理方式。

海洋石油天然气产业是一个非常典型的领域。在这个领域中,作为生产力要素的海洋石油资源分布在远离大陆的管辖海域,开发形势复杂。石油产业具有四大特点:一是高新技术密集,需要海洋三维地震勘探技术、海洋高精度无线电定位技术、浮式深水钻井技术、遥控水下机器人技术、深海水下完井采油技术等;二是投入大,海上打一口井要用上千万美元,建一座石油平台要用上亿美元,一般为陆地油田投资的 1.5~3 倍;三是风险大,海上环境复杂,成功率低,事故率高;四是成功后的回报率高。这就决定了海洋石油产业的发展单靠国内力量会十分缓慢,并可能丧失机遇;而通过国际合作进行开发不但需要,而且可能。换言之,生产力构成系统,需要国内外要素的结合。因此,生产关系涉及的范围,也必须突破一国的界限。资源的所有制与其开发的经营权在国际范围内实行分离,相应地,在利益分配上,共担风险,按协议分成。

在海洋经济领域,海洋生产力要获得大的发展,必须实时地调整那些不能适应海洋生产力发展的生产关系和经济管理体制。

我国海洋生产关系及管理体制的主要弊端,是各种产权关系缺乏明确的界定,以行政权、经营权管理代替所有权管理,各利益主体之间的经济关系缺乏协调,造成权益纠纷迭起、资源过量消耗和生态环境恶化。资源产权权能泛化,条块分割,不能正常流转、优化组合。土地管理部门与养殖业、盐业在滩涂上职能交叉,港口、航运与渔业、海上游乐在水面上有交叉,管道、海底电缆与海上油气、采矿等在海底有交叉。任何一项资源管理办法的制定、出台和实施都要花费很多时间和精力才能达成平衡,决策成本极高。

当前附属于陆地经济管理部门的条、块多头管理体制已经成为海洋生产力发展的桎梏,必须进行改进。这是因为海洋生产力系统虽然与陆地生产力系统有着千丝万缕的联系,但是它有相对独立性。海洋生产力系统中的劳动对象是海洋资源和海洋空间,劳动工具是特殊的海洋装备,劳动者也是有海洋科技和知识素养的人,否则就不能匹配成现实的海洋生产力。海洋各产业之间不但有横向的关联和影响,而且还建立了纵向链状关系,即物质、能量、信息的传递关系,如造船→海洋捕捞→水产品加工→海洋药物。这表明海洋生产力已经是一个完整的体系。相应地,就需要有专门的、统一的管理体制。现在,陆地经济部门的农业、轻工业、交通、旅游、土地、矿产、机械、环保等都把它作为陆地经济组成部分来看待,从陆地某一经济部门的全局而不是从海洋经济的全局出发,多头管理,海洋经济就会像被很多人牵着线的木偶一样,动作失调。建立全国统一的管理机构的任务客观上已经产生了。2013 年,根据十二届全国人大一次会议审议通过的关于《国务院机构改革和职能转变方案》决定,将原国家海洋局及其中国海监、公安部边防海警、农业部中国渔政、海关总署海上缉私警察的队伍和职责进行整合,重新组建国家海洋局,由国土资源部管理。新组建的国家海洋局在海洋规划、海域使用管理、海岛保护利用、海洋生态环境保护、海洋科技、海洋防灾减灾、海洋国际合作方面负有主要职责。这是我国在"海洋强国"战略中的一项重要顶层设计,意在减少多头管理,更好地推动海洋经济发展,维护海洋权益。近年来,海洋行政主管部门主动适应海洋事业发展的需要,围绕建设海洋强国的目标,统筹推进"五位一体"总体布局和"四个全面"战略布局,加快推进法治海洋建设。

思考题

1.海洋经济的内涵和基本框架是什么?

2.海洋经济在狭义和广义上是如何界定的?

3.海洋自然力和海洋自然生产力的区别是什么?

4.海洋自然生产力和海洋社会生产力具有什么关系?

5.资源供给为什么是影响海洋经济发展的重要因素?

6.海洋生产关系具有哪些特殊性?在什么情况下需要进行调整?

第二章
海洋资源的分类与分布

第一节 ◉ 海洋资源的概念与属性

一、海洋资源的概念

海洋资源是指海洋中的生产资料和生活资料的天然来源。严格地说,海洋与海洋资源的概念是有差别的。海洋资源是目前或可预见的未来能够产生价值的海洋,海洋包括海洋资源。但这种差别又是比较模糊的,海洋资源的范围随着科学技术的进步正在不断扩大。一些资源当前用处极少,甚至毫无用处,但随着科学技术的进步、人类社会的发展以及需求的多样化,在将来完全有可能变为有用的甚至是宝贵的资源。

海洋资源相对于陆地资源而言,其概念也包括狭义和广义两个方面。

从狭义来看,海洋资源包括传统的海洋生物、溶解在海水中的化学元素和淡水、海水中所蕴藏的能量以及海底的矿产资源,这些都是与海水水体本身有着直接关系的物质和能量。

从广义来看,除了上述的能量和物质外,还把港湾、海洋交通运输航线、水产资源的加工、海洋上空的风、海底地热、海洋旅游景观、海洋里的空间以及海洋的纳污能力都视为海洋资源。

在本书中,海洋资源被界定为在海洋内外力作用下形成并分布在海洋地理区域内的,在现在和可预见的将来,可供人类开发利用并产生经济价值,以提高人类当前和将来福利的物质、能量和空间等。它的范围涵盖海洋生物资源、海水及化学资源、海洋石油天然气资源、海洋矿产资源、海洋能源资源、海洋空间资源等。

二、海洋资源的属性

海洋首先是一个自然概念,是由各种自然物构成的综合体,同时它也是一个经济学的概念,是作为"一切劳动对象"的生产资料。所以,海洋资源同时具有自然属性和经济属性,从这个意义上说,海洋可以称为自然–经济综合体。

1.海洋资源的自然属性

(1)海洋资源数量的有限性

由于人类对海洋资源的认识不足,加之在海洋资源的使用过程中没能遵循可持续利用的原则,导致了多种问题的发生。对海洋的不可再生资源来讲,在其被使用过程中,很少会有人去思考社会的最佳使用途径,这往往导致不可再生资源的浪费。对海洋的可再生资源来讲,人类过度开采导致其迅速衰竭。人口增长,使得人类对海洋资源的依赖逐步加大,这将愈加凸显海洋资源的稀缺。

（2）海洋资源介质的流动性

海水不是静态的,而是动态的,朝着水平或垂直方向运动。溶解于海水中的物质随着海水的流动而位移;污染物也经常随着海水的流动在大范围内移动和扩散;部分鱼类和其他海洋生物也具有洄游的习性。这些海洋资源的流动,使人们难以对这些资源明确而有效地占有和划分。世界海洋是连成一个整体的,鱼类的洄游无视人类森严的疆界划分而四处闯荡,此种资源的开发,在不同的国家间产生了利益和产权责任分配问题。污染物的扩散和移动,造成归属海域和领海国家的损失,甚至引起国际纠纷。这些都需要世界各国紧密配合、相互支持,以谋求合作共赢。

（3）海洋资源的不可复制性

海域之间因自然环境、地理位置等因素的不同,造成海域性能的独特性和差异性,因此,即便是在同一片海域,海洋资源的差异性也是很明显的,其资源的功能效用也是不同的。这体现出海洋资源的不可替代性和复制性。

（4）海洋资源环境的脆弱性

海洋水系是一个统一整体,各个水域的分布不同,潮间带和近海水域水层浅、变换慢、环境复杂、海水自净能力差,一旦受污染,容易引发病害,并能迅速蔓延整个海域,直接影响海洋渔业,同时也会对旅游业、人文景观以及人类的身体健康造成危害。如海上石油开采过程,有导致海洋大面积污染的风险;海洋渔业捕捞,有产生渔业资源枯竭的风险等。海底矿产的开采会影响海底生态系统的健康存在,这种影响是否一定会构成风险,人们还没有清晰的认识,所以在海底矿产开发过程中,也没有相对完善的预防预警措施,而这类问题一旦产生,后果将很难预料。

（5）海洋资源空间分布的复杂性

海洋资源的分布在空间区域上符合程度较高,各海域有各自不同的资源分布并构成各具特色的海洋资源区域,例如大陆架的石油资源、国际海底区域的铀矿资源等。海洋表面、海洋底部都广泛分布着各种资源,立体性强。另外,在同一片海区也会存在着多种资源。海洋资源区域功能的高度复杂性,使得海洋资源的开发效果明显,响应速度快,这样就为合理选择开发方式增加了困难,要求必须强调综合利用,兼顾重点。

2.海洋资源的经济属性

（1）海洋资源供给的稀缺性

海洋资源数量的有限性和海水介质的流动性决定了海洋资源供给的稀缺性,就像商品一样,如果生产得少,用的人多,就会导致供不应求。可见,海洋资源的稀缺性在特定时期和特定海区才能表现出来,由此可以引申出海洋资源利用的制约性。不同的海区,不同的条件,导致海洋资源的用途有所不同,而由一种用途向另一种用途的变更同样受到诸如地理位置、地形、地貌特征等因素的影响,从而使得这种用途的海洋资源供给在一定区位、一定时期变得稀缺。

（2）海洋资源用途的可转换性

海洋资源可以有很多用途,而且在不同的用途间可以相互转换。如海岸带资源经开发为农用地、养殖用地、房地产用地、海洋旅游休闲用地、港口用地、临海工业用地;在一定条件下,这些海岸带资源和海水资源的用途间可相互转换、交替使用。因此,要妥善保护好海洋资源,通过改变海洋资源用途来调整具体海区某种类型海洋资源的供求状况。

（3）海洋资源产权的模糊性

对于海洋资源而言，法律明确规定所有权归国家所有。但是，长期以来国家所有权缺乏人格化的代表，在实际的经济运行中是虚化模糊的，表现在其所有权和使用权的泛化和管理的淡化上，实际上是"谁发现、谁开发、谁所有、谁受益"。在产权不具有排他性的情况下，对海洋资源的开发、利用和保护的权责利关系就无法确定。海洋资源所有权代表地位模糊，各种产权关系缺乏明确的界定，造成沿海各个利益主体之间经济关系缺乏协调。同时，海洋资源的流动性又决定了海洋资源产权的模糊性。如海洋渔业资源具有洄游性，除领海和专属经济区外，海洋的极大部分没有划分国界，即使是在一国的领海，或跨区域的河流，一般也没有明显的省、市或州等界线，因此在某一水域中，对于渔业资源产权归属仍具有模糊性。

（4）海洋资源的公共性

就海洋资源的属性来看，它同样具有商品性和公共产品性两个特征，尤其是其公共物品性表现得更加明显。海洋作为一个连通的整体，任何一个国家或地区均不能独占海洋资源，这与陆地有很大的不同。如大多数海洋鱼类属于捕获者，这一点与内陆的养殖鱼类，在其进入市场完成交易之前只属于养殖者有着很大的区别。海洋资源的公共性，一方面体现了国家性，表现为国家管辖海域内的自然资源通常属于国家所有，在海洋资源的管理中必须在国家有关法律、法规框架内，运用适当的公共产品管理手段进行管理，如海洋的空间资源。另一方面则体现了国际性，国际海洋法明文规定国际水域资源属于全人类所有，使各国在海洋资源的开发活动中，容易产生一定的利益关系或利益冲突，以海洋资源问题为中心的国际争端则是常年不休，这就亟待寻求一种共同的准则以协调利益、责任、义务的分配和履行。

第二节 ◉ 海洋资源的分类

海洋资源种类繁多，既有有形的，又有无形的；既有有生命的，又有无生命的；既有可再生性的，又有不可再生性的；既有固态的，又有液态或气态的。海洋资源至今尚无系统、全面的归纳、分类。海洋资源从不同的角度、标准，目前主要有以下几种分类方法。

（1）按照海洋资源与人类社会生活和经济活动的关系，海洋资源分为海洋生物资源、海洋化学资源、海洋矿产资源、海洋能源资源、海洋空间资源。

（2）按照海洋资源可被利用的特点，以经济学观点将海洋自然资源分为耗竭性的和非耗竭性的资源、再生性的和非再生性的资源、恒定性的和非恒定性的资源等类型。据此可以提出如图 2-1 所示的海洋自然资源的分类系统。

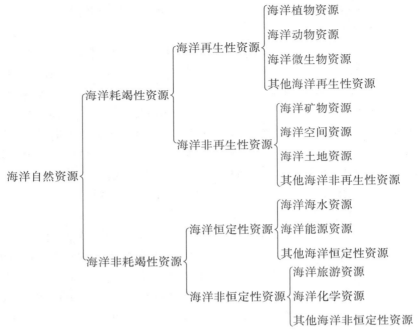

图 2-1　海洋自然资源的分类系统

资料来源：崔旺来,钟海玥.海洋资源管理.青岛:中国海洋大学出版社,2016.

（3）按照资源所处的地理位置划分,海洋资源分为海岸带资源、海域资源、海岛资源、极地资源等。

（4）按照海洋资源的实物形态划分,海洋资源分为海洋物质资源和海洋非物质资源。

（5）按照海洋资源的空间层次划分,海洋资源分为海上空间资源、海中空间资源、海底空间资源。

（6）按照海洋资源的依赖关系划分,海洋资源分为主体性资源与依属性资源两大类。主体性资源是构成海洋本体的各种资源,包括:海域资源、海岛资源、海洋矿产能源资源、滩涂湿地及盐田资源。依属性资源是依附于海洋主体资源而存在的海洋资源,包括:海洋生物资源、海洋新能源资源、海洋景观资源、港口岸线资源。

（7）按照自然本质属性划分,海洋资源分为海洋物质资源、海洋空间资源和海洋能源资源3 个一级类,根据其具体属性划分的二级至四级分类如表 2-1 所示。

（8）按照海洋资源自身的属性及现实的分类状况,应用"五分法"将海洋资源分为海洋生物资源、海洋矿产资源、海洋化学资源、海洋空间资源和海洋能量资源,并进一步进行了二级至四级的详细分类,如表 2-2 所示。

表 2-1　海洋资源自然属性分类

一级	二级	三级	四级
海洋物质资源	海洋非生物物质资源	海水资源	海水本身资源
			海水中溶解的物质资源
			海底石油天然气
		矿产资源	滨海砂矿
			海底煤矿
			大洋多金属结核和海底热液矿床
	海洋生物物质资源	海洋藻类资源	－
		海洋无脊椎动物资源	－
		海洋脊椎动物资源	－
海洋空间资源	海岸与海岛空间资源	－	－
	海面/洋面空间资源	－	－
	海洋水层空间资源	－	－
	海洋底层空间资源	－	－
海洋能源资源	海洋潮汐能	－	－
	海洋波浪能	－	－
	潮流/海流能	－	－
	海水温差能	－	－
	海水盐度差能	－	－

资料来源:朱晓东等.海洋资源概论.北京:高等教育出版社,2006.

陈斌,王蜜蕾,邹亮等.海洋自然资源分类体系探究.中国地质调查,2023,10(03):84-94.

表 2-2　海洋资源"五分法"分类

一级	二级	三级	四级
海洋生物资源	海洋植物	海洋藻类、海洋种子植物、海洋地衣、海洋鱼类	－
	海洋动物	海洋软体动物、海洋甲壳类动物、海洋哺乳类动物	－
	海洋微生物	原核微生物、真核微生物、无细胞生物	－
海洋矿产资源	滨海砂矿、海底石油、海底天然气、海底煤炭、大洋多金属结核、海底热液矿床、可燃冰	－	－
海洋化学资源	海水本身、海水溶解物	－	－

续表

一级	二级	三级	四级
海洋空间资源	海岸带	海岸、潮间带、水下岸坡	–
	海岛	半岛、岛屿、群岛、岩礁	–
	海洋水体空间	海洋水面空间、海洋水层空间	–
	海底空间	陆架海底、半深海底、深海海底、深渊海底	–
	海洋旅游资源	海洋自然旅游资源	海洋地文景观
			海洋水域风光
			海洋生物景观
			海洋天象与气候景观
			海洋遗址遗迹
		海洋人文旅游资源	海洋建筑与设施
			海洋旅游商品
			海洋人文活动
海洋能量资源	海洋波浪能、海流能、海风能、海水温差能、海水盐度差能、海洋潮汐能	–	–

资料来源:张洪吉,李绪平,谭小琴等.浅议自然资源分类体系.资源环境与工程,2021,35(04):547-550.

陈斌,王蜜蕾,邹亮等.海洋自然资源分类体系探究.中国地质调查,2023,10(03):84-94.

海洋物质资源就是海洋中一切有用的物质,包括海水本身及溶解于其中的各种化学物质、沉积/蕴藏于海底的各种矿物资源以及生活在海洋中的各种生物体。海水的总水量为 $1\,338\times10^{12}$ m³,占地球水圈总水量的 96.5%。海水中溶解有近 80 种元素,陆地上的天然元素在海水中不仅都存在,而且有 17 种元素是陆地上储量稀少的。海水既可直接利用,也可淡化后利用。21 世纪人类面临严重的水荒,我国的水资源危机是制约社会与经济可持续发展的因素。我国人均水资源是 2 100 m³,仅为世界平均水平的 28%。到 21 世纪中叶,人均水资源将不到 1 800 m³。在水量不足的同时,我国还面临水质性缺水,即本来就很有限的水资源被人为污染而不能利用,许多河流有的断流,有的变成排污河流。幸运的是,海洋是一巨大的水体,只要海水淡化技术进一步提高以降低成本,水荒便有望解决。目前已有 120 多个国家进行海水淡化技术开发研究,其中科威特、沙特阿拉伯、美国、日本等把海水淡化作为解决淡水不足的主要办法,特别是科威特,全国淡水几乎全部通过海水淡化供应。海水不仅是水,更是含多种可开发利用物质的液体矿床,现代技术已能在海水中提取溶解的卤族元素、贵金属和核燃料元素。

海洋空间资源是指可供人类利用的海洋三维空间,由一个巨大的连续水体及其上覆大气圈空间和下伏海底空间三大部分组成,在二维平面上它占据地球表面积的 70.8%,广达 3.61×10^8 km²。在垂向上,有平均 3 800 m 深的水体空间。如此广阔的空间资源对于显得日益拥挤的陆地空间来说,无疑是人类社会生存与发展的广阔天地。当前,海洋空间资源作为除了传统利用的海洋运输、港口码头外,随着现代高新技术的发展,更为人类提供了新兴的生产、生活空间,诸如海上人工岛、海上工厂、海上城市、海上道路、海上桥梁、海上机场、海上油库、海底隧道、海底通信和电力电缆、海底输油气管道、围海造地、海洋公园以及海洋合理倾废场所等正在飞速发展。我国陆域国土面积约 960×10^4 km^2,海域总面积约 473 万 km^2,大陆海岸线长约 1.8×10^4 km,海域分布着大小岛屿约 7 600 个。

海洋能源是指蕴藏于海水中的能量,其来源是海水对太阳辐射能的直接和间接吸收和天体对地球和海水的引力随时空发生周期性变化而产生势能,使得海洋水体产生温度、盐度差异、潮汐运动、波浪运动、海流运动。因而海洋能包括海水温差能、海水盐度差能、潮汐能、波浪能和海流/潮流能等多种形式,这些都可用来提取、发电。联合国环境规划署数据显示,中国占全球海洋能源发电储量的近 1/5。其中,温差能资源可开发量预计超过 13 亿 kW,潮汐能资源可开发量约为 2 200 万 kW,潮流能和波浪能的可开发资源量分别为 1 400 万 kW 和 1 300 万 kW。海洋能源具有可再生性、永恒性、分布广、数量大、无污染等优越性,必将成为 21 世纪的重要能源。

海洋生物资源有着特殊的重要地位,海洋中已发现的生物有 30 个门类 50 万余种。陆地上有的门类海洋中基本都有,而海洋中许多物种却是陆地上所没有的门类。中国近海已确认约有20 278种海洋生物,隶属 5 个界44 个门类,其中有 12 个门类属于海洋所特有。我国已记录的3 802种鱼,海洋鱼就占 3 014 种,具有经济开发价值的约为 150 种。甲壳类动物共有25 000 多种,藻类共有 10 个门类10 000 多种,人类可以食用的海藻有 70 多种。海洋生物不仅可以弥补人类食物资源的不足,还能制作多种高效、特效药物,还提供大量、多种重要工业、化工原材料。

沉积/蕴藏于海底的各种矿物资源是当前开发利用中最为重要的海洋资源,特别是其中的海洋油气资源,是世界海洋产业经济中最重要的部分,其产值已占世界海洋开发产值的 70% 以上。滨海砂矿则是产值仅次于油气的海洋矿产资源,广泛分布于世界各滨海地带,已开发利用的滨海砂矿主要有:金刚石、金、铀、锡等金属、非金属、稀有和稀土矿物等数十种。大洋多金属结核是海洋矿产资源的潜在宝库。据统计,世界大洋多金属结核的总储量高达 3×10^{12} t,其中一些如锰、镍、铜和钴等主要有用金属的含量是地壳中平均含量的 300 倍,它们将成为21 世纪这些金属的主要来源。

海洋中还蕴藏着丰富的化学资源。海水中含有多种元素,全球海水中含氯化钠(NaCl)达 4×10^{16} t。中国许多沿海地区都有含盐量高的海水资源。南海的西沙、南沙群岛的沿岸水域年平均盐度为 33‰~34‰。渤海海峡北部、山东半岛东部和南部年平均盐度为 31‰。闽浙沿岸年平均盐度为 28‰~32‰。海水中含有 80 多种元素和多种溶解的矿物质,可从海水中提取陆上资源较少的 Mg、K、Br 等。海水中还含有 2×10^6 t重水,是核聚变原料和未来的能源。

第三节　海洋资源的分布

海洋资源的形成和分布受自然规律支配,既具有广泛性的一面,又具有不均衡性的一面,而且常常是二者矛盾的统一。海洋资源的分布规律和海洋资源的开发利用关系非常密切。海洋资源只有得到人类社会的开发利用,才能产生经济价值并充分发挥海洋资源在促进国民经济发展中的作用;而海洋资源的开发利用,也只有在充分认识和掌握自然资源分布规律的前提下,才能采取有效措施,合理地开发利用,达到最大的经济效果。由于海底地貌的变化很大,坡度也不一样,因此在不同地区形成的沉积矿产、分布的生物资源等,不仅种类有别,而且具有各自的特点。为了清楚地反映海洋地貌类型与海洋资源分布的关系,首先要对海岸带至深海典型的地貌剖面有一些认识,如图 2-2 所示。

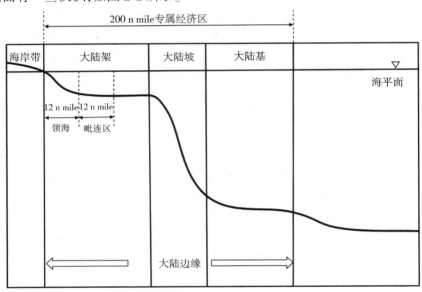

图 2-2 海岸带至深海典型的地貌剖面示意图

一、海岸带海洋资源的分布

海岸带是海陆交互作用的地带。现代海岸带一般包括海岸、海滩和水下岸坡三部分。海岸是高潮线以上狭窄的陆上地,大部分时间裸露于海水面之上,仅在特大高潮或暴风浪时才被淹没,又称潮上带。海滩是高低潮之间的地带,高潮时被水淹没,低潮时露出水面,又称潮间带。水下岸坡是低潮线以下直到波浪作用所能到达的海底部分,又称潮下带,其下限相当于 1/2 波长的水深处,通常为 10~20 m。

海岸带不同岸段的地形、沉积物和水动力等具有多样性,可分为海滩、潮坪、三角洲、河口湾等几大类。海滩以波浪作用为主,多为粗粒硅质碎屑组成的疏松沉积;潮坪坡度小,波浪与潮流作用使岸线冲刷、堆积变化快,堆积物有沙、粉沙与淤泥;三角洲沉积的总趋势是粗碎屑沉积在河口口门,细碎屑主要以悬浮形式运往陆架浅海;潮汐对河口湾沉积物分布起着重要作用,潮汐脊与潮涉水道相间,且延向与往复潮流方向平行。

海岸带上有重要的海滨砂矿,如金、铅、金刚石、锡砂等,它们是被陆地河流搬运到海中后,又被潮流和海浪运移、分选和集中而成的。由于岸边潮流是沿着与海岸平行的方向运动,所以,这些物质也是沿着海岸线方向运动。这里离陆地很近,水位很低,对开采海洋矿物资源十分有利。我国海岸带有 2/3 属沙质岸线,有丰富的滨海砂矿资源和悠久的开采历史。我国滨海砂矿广泛分布在四个海区的沿岸地带,其中以海南、广东、广西、福建、台湾、山东和辽宁等省份最为丰富,种类达65种,几乎世界上滨海砂矿中各种矿物在我国滨海都可以找到。

此外,海岸带还拥有丰富的生物资源和旅游资源,同时又是国防的前哨和海运的基地。海岸线是水、陆、气三界的接触线。大陆带来大量的营养物质,大气运动推动海浪搅动海水,阳光可直接照射到海底,因此沿海岸的海洋生物特别丰富。据有关统计,世界沿海大陆架水域面积仅占海洋面积的7.6%,但那里的捕鱼量却占世界海洋渔业总产量的80%。开发海洋生物资源首先应考虑沿海岸的海面开发。沿海岸生态系统类型多样,有珊瑚礁生态系统、红树林生态系统、藻类生态系统、草场生态系统、河口生态系统以及沿岸、内湾生态系统等。

二、大陆架海洋资源分布

大陆架是大陆周围被海水淹没的浅水地带,是大陆向海洋底的自然延伸。其范围是从低潮线延伸到坡度突然变大的地方为止。现代大陆架的大部分都分布着浅海沉积。浅海的水动力活跃、多样,在河流冲淡水、波浪、潮流和海流的作用下,形成各种硅质碎屑沉积。大陆架上生物繁茂,珊瑚、藻类、有孔虫等形成生物沉积。浅海化学沉积丰富,特别是热带浅海,大陆架上还分布着残留沉积。

大陆架水浅、光照条件好、海水运动强烈、营养盐丰富,是海洋生物生长和繁殖的良好环境,既是重要的渔场,又是海水养殖的良好场所。目前世界上海洋食物资源的90%来自大陆架和邻近海湾。从大陆架下发现的石油和天然气,富有极大的经济吸引力,目前海上石油开采主要集中在水深100 m的浅海区。此外,滨海砂矿以及用作建筑材料的砂砾石,也来源于大陆架。

大陆架海域还有丰富的有机质。这些有机质主要是由大陆河流把许多无机盐类带入海中,成为浮游生物的营养盐类,促使海洋浮游生物繁殖;大陆架区潮汐、海浪、海流作用比较强烈,使水层之间垂直混合发达,底层海水不断得到更新,从而使海水上下水体中都含有生物所必需的大量溶解氧和各类营养盐,成为浮游生物和鱼类繁殖的重要场所。据测定,大陆架沉积物中有机质的含量要比大洋多10倍。大陆架的地形有利于物质的沉积。大陆架边缘常有与岸线平行的地壳隆起带,地壳隆起带的内侧是地壳沉降带,形成一个能充填沉积物的盆地。地壳隆起带将河流携带的泥沙拦截,在内侧盆地可以形成1~2 km厚的沉积层,这里富有各种沉积矿床,如海绿石、磷钙石、硫铁矿、钛铁矿、石油和天然气等。据计算,只要充分开发大陆架上的资源,人类就可以受用不尽。随着人口的增加和工业的发展,人类生存空间将越来越小,人类要向海上发展,首当其冲的开发区就是大陆架。

三、大陆坡海洋资源分布

大陆坡是一个分开大陆和大洋的全球性巨大斜坡,其上限是大陆架外缘(陆架坡折),下限水深变化较大。大陆坡的坡度一般较陡,平均坡度4°17′。多数大陆坡的表面崎岖不平,其上发育有复杂的次一级地貌形态,最主要的是海底峡谷和深海平坦面。

大陆坡海域离大陆较远,海洋状况比较稳定,水文要素的周期变化难以到达海底,底层海水运动形式主要是海流和潮汐,沉积物主要是陆屑软泥。植物极少,动物主要是食泥动物。大陆坡地形较陡,浊流的流速较大,沉积物不易停留,沿着陡坡滚落到陆坡基部,再经过水动力的搬运,最后沉积下来。

四、大陆隆海洋资源分布

大陆坡以外至大洋盆地之间,常有大陆坡坡麓缓缓倾向大洋底的扇形,叫作大陆隆。大陆隆跨越大陆坡坡麓和大洋底,是由沉积物堆积而成的沉积体。动力作用以浊流为主。它表面坡度很小,沉积物厚度巨大,常以深海扇的形式出现。这种巨厚沉积是在贫氧的底层水中堆积的,富含有机质,具备生成油气的条件。富含沙质的大陆隆很可能是海底油气资源的远景区。大陆隆是接受大陆坡上下滑的沉积物的主要地区,沉积厚度一般都较大,有时可达数千米。在这些大型沉积盆地中,因受挤压而突起的背斜构造、穹窿构造又往往是储积石油最有利的地方。在海上找石油,就要找那些既有生油地层和储油地层,又有很好的盖层保护的储油构造区。除石油外,这里还有着丰富的海底矿产,如:硫、岩盐、钾盐,还有磷钙石和海绿石等,而且还是良好的渔场。

五、大洋底海洋资源分布

位于大陆边缘之间的大洋底是大洋的主体,由大洋中脊和大洋盆地两大单元构成。大洋盆地是指大洋中脊坡麓与大陆边缘之间的广阔洋底,约占世界海洋面积的1/2,它的坡度极微,主要原因是深海沉积物将起伏的基底盖平,否则就显现为深海丘陵。

深海沉积物中,大陆边缘以海洋冰川沉积和其他陆源沉积为主,广大大洋底分布深海蒙古土沉积、钙质软泥沉积和硅质软泥沉积。深海动力作用以海流(底流)和火山等地质活动为主,深海海底蕴藏着锰结核和含金属泥沉积物等矿产资源。

在世界大洋水深2 000~6 000 m的海底表层沉积物中,分布着一种富含锰、铜、镍、钴、铁等多种有工业价值的多金属矿产资源,通称为多金属结核,又称大洋锰结核矿。锰结核是一种重要的深海矿藏,分布广,密度大。在太平洋底部的某些地方锰结核的密度甚至达到9 000 t/km²,且每年以约1 000万t的速度在继续生成。在太平洋,多金属结核最丰富区位于太平洋北纬2°~6°,西经120°至东经180°,一个起伏比较平缓的广阔深海丘陵地带,面积约1 080×10⁴ km²,水深在3 200~5 900 m,海底沉积物为硅质软泥和黏土,有利于多金属结核富集。该区域海底75%以上为多金属结核所覆盖。

位于洋中脊海底正在张开的裂谷中(洋中脊裂谷带)还形成了热液矿床。此处地壳最静,熔融的岩浆从地球内部不断涌出,形成新的海洋地壳。这种从地球内部来的物质既含有多种金属,又有很高的温度,当接近海底表层时,海水通过若干细小的裂隙向下渗透,与地球内部来的高温物质接触后发生化学反应,使其中的金属析出,形成富含金属的热水溶液。这些热液在洋底孔隙较大的地方以很高的速度喷出来,形成富含金属的烟筒状堆积体。它们的体积差别很大,小的仅1~4 m高,底面宽5~15 m,大的则几十米高,底面宽几百米。喷出的高温热液与冷海水接触后温度降低,其中被溶解的金属便沉淀到海底堆积成矿。每座矿体的重量从数吨到数千吨不等。热液矿床分布的平均水深一般在2 500 m左右。

六、海岸带—海平面海洋资源分布

海洋交通运输依靠的就是海岸带—海平面所提供的空间资源,此处可以建设防腐的海港码头及其间相互连接的海上航线。海港是海洋运输的重要组成部分,既是船舶停靠的场所,又是海运货物的转运场所,在国际国内贸易中起着十分重要的作用。世界每年都在扩建和增建新的海港。海洋交通运输运量大、能耗低、费用少、劳动与经济效益高。特别是随着现代科技的发展,造船技术也得到了相应的发展,海洋船舶的大型化更是进一步强化了海洋运输业的上述优点。现在世界上的油轮最大的已达 $5×10^5$ t、集装箱船舶已从 20 世纪 80 年代的 3 000 标准箱,发展到目前的以 5 000 标准箱为主的船舶。海洋船舶的大型化完全是利用了丰富、广大的海岸带—海平面空间资源。

思考题

1.海洋资源从狭义和广义上看分别包括哪些资源?

2.海洋资源具有哪些经济属性,与其自然属性具有何种关联?

3.海洋资源主要有哪些分类方法,每种分类方法对应的海洋资源分别是什么?

4.海洋资源在不同海洋地貌上的分布具有哪些特点?

第三章
海洋经济的效益评价

任何生产经济活动都伴随着物质技术因素的实施而出现投入与产出的经济问题。具有良好的经济效益是进行生产经济活动的出发点,海洋开发活动也如此。评价海洋开发活动经济效益的高低,不但要从投入、产出两个方面来考察,而且还应注意到海洋资源环境的保护和生态的平衡。本章围绕这一思路,首先介绍海洋开发活动的成本和收益以及海洋资源的资产化管理,进行财务效益评价;然后介绍海洋开发活动中的外部性,根据外部性对成本和收益进行调整,进行国民经济评价。

第一节 ◉ 海洋经济效益的概念及评价原理

一、海洋开发活动的成本和收益

1.海洋开发活动的成本

海洋开发活动的成本是指一个海洋开发项目在建设期和生产经营期(统称为计算期)间所发生费用的总和。在海洋开发活动中,投入要素有固定投入要素和变动投入要素。固定投入要素的使用量在给定的时期和一定产出量范围内,不管产出量多少都保持不变;变动投入要素的使用量则因产出量的不同而变化。与它们相对应的就有固定成本和变动成本的区别。

固定成本是指在一定产出量范围内,不随产出量增加而变动的成本,即不管这个时期产出量大小,这部分成本总要发生,其总额也大体不变,如借入资金的利息、设备折旧费和维修费,以及即使在暂时停产期间也要继续雇用的人员的工资。这类成本的特点是在正常经营条件下,这些成本是必定要发生的,且在一定范围内保持稳定。

变动成本随产出量的增减而变动,是产出量的函数。它包括原材料费用、与使用设备有关的折旧费、水电费的可变部分(但水电费中的照明部分应为固定成本)、直接工人工资、销售佣金以及其他随产出量而变动的投入要素成本。这类成本的特点是产出量越高,成本的发生额也越高;产出量越低,成本的发生额也越低;成本的发生额与产出量成正比关系。在海洋开发活动中,总成本费用与固定成本、变动成本之间的关系是:

$$总成本费用=固定成本+变动成本 \tag{3.1}$$

2.海洋开发活动的收益

海洋开发活动的收益是开发项目建成投产后对外销售产品或提供服务所取得的收入,是开发活动生产经营成果的货币表现。

假设海洋开发项目是一个生产性的项目,并且生产的产品能全部卖出去,即生产量等于销售量,则收入公式为:

$$销售收入 = 销售量 \times 销售单价 = 生产量 \times 销售单价 \qquad (3.2)$$

假设海洋开发项目是一个服务性的项目(如滨海旅游项目)时,收入就是每年提供服务所得的全部收入。

3.海洋开发活动的利润

一个海洋开发项目的收入扣除税金、附加及总成本费用后,即为该项目的利润总额。利润总额按照国家规定做相应调整后,应依法缴纳所得税。缴纳所得税后的利润才是可供分配利润。可供分配利润在盈余公积金、应付利润和未分配利润三项之间分配。盈余公积金按规定计取;未分配利润主要用于偿还借款本金;应付利润为向项目投资主体分配的利润,以前年度的未分配利润可以并入本年度向项目投资主体分配。

二、经济效益

1. 经济效益的概念

经济效益就是人们在生产活动中,为了达到一定的经济目的所付出的劳动消耗与所获得的有用劳动成果的比较。人们从事的一切经济活动都是一种有意识、有目的的经济行为,都是为了满足生产、生活上或其他方面的需要。人们为了达到这个目的,总是要付出一定的劳动代价。所以,对于既定的目标与劳动消耗相联系的经济,就存在经济效益大小的问题。经济活动的效益存在于生产领域和非生产领域之中,而对生产领域中经济效益问题的研究是最基本的、最重要的部分,这称为生产技术经济效益,简称技术经济效益;而在非生产领域中的经济活动,也要研究其效益,如教育经济效益、军事经济效益等。这是两个领域中不同范围的经济效益。

劳动耗费是指在进行某项实践活动(主要是经济活动)中投入一定的生产要素所构成的耗费。劳动耗费包括劳动直接消耗和劳动占用两部分:

(1)劳动直接消耗是指各种各样的费用或消耗,比如资金的支出、人力的消耗、物资的消耗、自然资源的消耗等,总称活劳动或物化劳动的消耗。但因为资金是物质的代表,而物质是物化劳动的结晶,至于自然资源的开发和利用,也要以个人劳动支出为媒介,所以劳动的直接消耗是根本。

(2)劳动占用是指劳动力占用、资金占用、物质和资源占用。所以劳动占用量和劳动消耗量是两个不同的概念,它们之间不能直接相加减,必须通过占用效益系数的换算,才能对劳动耗费进行计量。但不管是劳动直接消耗还是劳动占用都是为了保证生产中的消耗,并且它们总是在生产中不断地转化为消耗,从这个意义上说,占用的实质可以归结为消耗。所以在把劳动直接消耗和劳动占用加以区别的同时,又把二者统称为劳动耗费。

有用劳动成果的概念和投资活动目的有直接关系。有用劳动成果常常表现为满足某一需要的有用物,而有用物就具有使用价值。使用价值所产生的效益有直接效益和间接效益两个方面,而效益本身又可以通过质量和数量两个方面来描述。质是衡量使用价值本质,而量则是判断使用价值大小的程度。任何两个方案比较,都是在确定质的前提下进行数量方面的比较。

如果创造的使用价值比劳动耗费大得多,我们就说经济效益好;如果劳动耗费大于创造的使用价值,我们就说经济效益差或没有经济效益,甚至产生了负效益。

2.经济效益的衡量

从经济效益的定义出发,对经济效益的考核主要有两大方面:一是在既定的目标或既定的任务条件下,如何用最少资源的耗费来完成既定的目标和任务;二是在既定的资源条件下,如何发挥出最大的使用价值,以满足既定目标和任务要求。把上述定性描述定量化后就是:

除法运算 $$E = R/C \tag{3.3}$$
减法运算 $$E = R - C \tag{3.4}$$

式中:E 表示开发活动的经济效益;R 表示开发活动所取得的有用劳动成果;C 表示开发活动投入的劳动耗费。

根据经济效益的定义,对上述两式必须正确地理解,即:经济效益包括经济效益(纯经济效益)和经济效率两种,用除法运算表示的经济效益指标可以理解为经济效率指标,如社会劳动生产率、资金利润率等;用减法运算表示的经济效益指标就是通常所说的经济效果指标,如利润、税金、国民收入等。当 $R > C$ 时,说明有经济效益;当 $R = C$ 时,说明没有经济效益;当 $R < C$ 时,说明已发生亏损或浪费。

经济效益的评价标准是经济效益最大化。

三、海洋开发活动经济效益评价原理

1.海洋开发活动中生产要素组合原理

(1)生产要素整体论

生产力系统具有明显的整体性。所谓整体性,就是指系统整体具有若干个不同于各要素(子系统)功能的新功能。这一特殊性被系统论学者上升为一个普遍原理,即复杂的现象大于因果链条的孤立属性之简单总和。形象地说,这就叫作"一加一大于二"。因此,为了争取海洋开发活动的最佳经济效益,就必须根据要素组合变化规律的要求,从社会需要出发,通过自觉地、科学地控制和提高生产力系统的整体功能,尽可能减少系统的内部摩擦和能量消耗,以提高生产力系统的整体性,从而取得良好的经济效益。

(2)生产要素平衡论

要素的平衡主要体现在以下两个方面:第一,生产要素的齐备性。这是指各要素同等重要,缺一不可。只有要素齐备,才能形成生产力的有机整体;第二,生产要素"短线平衡"性。生产要素的能力往往表现不均衡,有高有低。生产力整体能力是由最低能力要素的水平(即限制性要素水平)为基准来决定的。一个要素短缺,影响到其他要素能力的发挥,就造成经济上的浪费和损失。

(3)生产要素的替代论

在海洋开发过程中,有不少要素是可以相互替代的,如劳动力、畜力可以被机械力所替代,低水平技术可以被高水平技术所替代等。要素替代后有可能获得更佳的经济效益。

2.海洋资源报酬变动原理

(1)海洋资源报酬的含义

海洋资源是海洋自然资源和海洋社会资源的总称。海洋自然资源是指在海洋自然力作用下形成并分布在海洋区域内的、可供人类开发利用的自然资源。其大体上包括海洋水体资源、海洋土地资源、海洋生物资源、海洋动力能源资源、海洋矿藏资源、海洋空间资源、海洋旅游资源等七大类。海洋社会资源由涉海人口数、劳动力数量及智力构成和科学文化水平、畜力、机

械、技术装备、资金、交通条件、信息、管理等构成。

在海洋开发中,投入资源后,一般都有一定的产品量。单位生产资源投入所取得的产品数量称为资源报酬率。其表示方法有:

平均资源报酬率:资源投入量与总产量之比,用 Y/X 表示。

边际资源报酬率:资源投入的增量与因之而取得的产品增量之比,或在某一投入水平下,由于增用 1 单位投入物,因而较上一水平所增加的产品数量,用 $\Delta Y/\Delta X$ 表示。

(2)海洋资源边际报酬的变动原理

在海洋开发的实践中,在技术条件不变和其他生产要素投入水平固定的情况下,投入某一生产要素所获得的边际报酬,表现为先递增后递减的变化趋势,人们把这种现象叫作"边际报酬递减规律"。这一规律无论是在海洋开发的实践中,还是在其他的生产实践中都广泛地存在。这主要是由于在多种资源因素中,存在着"多因素同等重要规律"和"限制因素规律"。所以,对于生产资料的投入、技术措施或技术方案的推广,都要从总产量、平均产量和边际产量等几个方面进行考察,进行边际收益与边际成本的比较,以便做出有益的指导,提高经济效益。

(3)海洋资源规模报酬的变动原理

在海洋资源开发利用过程中,规模的变化也会影响其报酬。

(4)边际均衡原理

边际均衡原理是指当投入一种变动资源的情况下,最有利的投入是最后一个单位的投入,因为该单位投入所取得的产品价值等于或是略高于它的成本。设边际产出为 ΔY,产品 Y 的价格为 P_y,则 $\Delta Y \cdot P_y$ 称边际收益;边际投入用 ΔX 表示,资源 X 的价格为 P_x,则 $\Delta X \cdot P_x$ 称为边际成本。边际均衡原理可表述为:

$$边际收益 = 边际成本$$

即
$$\Delta Y \cdot P_y = \Delta X \cdot P_x \text{ 或 } \Delta Y/\Delta X = P_x/P_y \tag{3.5}$$

根据边际均衡原理,可以掌握资源利用的合理程度,即只要边际收益大于边际成本,就可以继续投入,以期获得更大的效益;但当边际成本大于边际收益时,就应中止投入。

第二节 ◉ 海洋资源的资产化管理

一、海洋资源资产化管理的含义

海洋资源除法律特别规定者外,都属于国家的资产。但是,由于历史的原因和海洋环境的某些特殊性,这一大类巨额资产一直被排斥在资产化管理和营运之外。赋予海洋资源以商品的属性,使其具有价格,运用市场机制,建立海洋资源的资产化管理,是新体制下生产关系调整的一项重要内容。

资源的资产化管理就是把自然资源这种特殊资产,从其开发利用到生产、再生产,按照自然规模和经济规律,进行投入产出管理。包括对天然资源实行有偿使用制度和核算制度,将收益用于资源补偿和再生产;对凝结了人类劳动的资源,将其生产和再生产由事业型转变为经营型;最后形成以资源养资源的良性循环,提高资源利用的经济效益、社会效益和生态效益。

二、海洋资源资产化管理的必要性与紧迫性

对海洋等自然资源实行资产化管理,不仅是一个重大的理论问题,更是一个严峻的现实问题。我国资源管理的正面经验与反面教训都充分表明,海洋资源被无偿利用的状况再也不能继续下去了。因为,海洋资源的无偿利用和滥用已经造成了极为严重的危害。

首先,国有资源产权虚置,导致了国有资产大量流失。海洋资源虽然在名义上是国家的,但国家所有权长期缺乏人格化的代表,实际上是"谁发现,谁开发,谁所有,谁受益",地方利益与国家利益存在着严重的冲突。国家对自然资源的投入是巨大的,如中华人民共和国成立以来单是地质勘探方面的投入就有4 000多亿元,但是宝贵资源创造的大量财富国家却分文未取,而被人为地转移为部门、单位或个人的财富。资源占用者只享受资源的权益,不承担资源增殖的责任,造成资源的巨大浪费与流失。例如,渔汛季节来临,沿海各地万船云集、围剿滥捕,某些鱼虾早已被一网打尽。同时,资源占用者通过不规范转让、出租、抵押而流失的资产也很多。

其次,资源无偿使用,造成经济效益评价失真。马克思在《哥达纲领批判》一书中的第一句话就对威廉·配第关于"劳动是财富之父,土地是财富之母"的论断给予了充分的肯定。本来自然资源也加入了财富创造,但由于长期以来资源无价观念的影响,这一部分成本却从总成本中被丢掉了,由资源数量、品位的差别形成的同类产品的实际不同成本也被忽略了。企业或个人经济效益不与资源消耗挂钩,造成产品价格扭曲,导致"资源无价、原料低价、产品高价"的不合理现象。在沿海农村,种植业与海洋渔业利益比较,差别很大,通常1亩养殖面积收益相当于10亩农田,虽然有合理的成分,但有水产资源占用无偿或低价的因素在内,也是毋庸讳言的。对海洋油气、航运、滨海旅游资源具有垄断地位的大型企业表面上的高收益,也有类似的原因。从宏观经济看,这种资源无价的错误观念助长了资源高消耗型、外延扩张型的经济发展模式。1953—1986年的33年间,我国国民收入增长6.8倍,同期能源消耗增长14.1倍。1986年我国达到国内生产总值1万亿元,能耗是世界平均水平的2.3倍,是日本的5.3倍,巴西的3.4倍,韩国的2.6倍,印度的1.8倍。近些年,我国的能耗情况已有改善。2020年我国单位GDP能耗为3.4吨标准煤/万美元,约为经济合作与发展组织(OECD)国家的3倍、世界平均水平的1.5倍。2021年我国单位GDP能耗为2.96吨标准煤/万美元,即我国能源消费强度约为欧盟的2.4倍,美国的1.8倍。2022年,我国单位GDP能耗是世界平均水平的1.4倍、发达国家的1.71~4.10倍。

最后,资源浪费和破坏严重,制约了海洋经济的可持续发展。由于产权权利淡化,没有排他性所有权的代表,国有资源产权的诸多权能分散于计划、财政、经贸等政府部门;条块分割格局下资源产权流动受阻,不能向优秀经营者手里集中,开发利用科学性差。资源宏观管理削弱,微观经营者不承担资源保护、增殖责任,短期行为严重,"靠海吃海"却不养海。例如,世界三大渔场之一的舟山渔场20世纪50年代四季都有渔汛。由于滥捕,不保护亲幼鱼,小黄鱼产量从1956年的2.78万t降至1982年的0.1万t,墨鱼由1960年的3.5万t降至1988年的0.34万t,马面鱼产量从1990年的7万余吨急速下降至2015年的782 t。大黄鱼、鳓鱼产量也持续下降,其中舟山渔场四大经济鱼类之一的大黄鱼从1974年的13.2万t降至1984年的0.84万t,1990年产量低至65 t,几乎濒临灭绝状态,资源严重衰退。1990—2015年,大黄鱼产量也只呈现微弱上升趋势,在舟山渔场已经多年不能形成渔汛。渔业资源衰退严重、海域生境

"荒漠化"突出。渔业资源状况总体仍呈下滑趋势,近海资源急剧萎缩,中心渔场向外海移动趋势明显。

三、实施海洋资源资产化管理的目标

服从我国建立社会主义市场经济改革的总目标,贯彻国民经济可持续发展的指导方针,我国海洋资源经济的管理要实现四个转变,即:变资源无价为资源有价;变资源使用无偿为使用有偿;变资源浪费型为资源节约型;变资源开发无序为开发有序。从而实现下述目标:

1.海洋国有资产所有权人格化

使"海洋资源归国家所有"不再是一句空洞的法律条文,而要在经济上得到实现。这当然不是说资源经营所得的全部收益都归国家,而是指国家应得的部分不能流失到其他主体。要实行"分利不分权"分类分级管理模式。目前实行的"两权分离"的企业改革,尤其是承包经营制等,厂长经理的经营权得以落实。但国有资产所有部门并没有进入企业,所以改革的结果并没有解决国有产权"空缺"问题。

2.经济评价真实化

把自然资源纳入国民经济核算体系,使资源耗费成为商品成本的一部分,使资源的价值或价格在经济评价中得到实现和补偿,缩小行业间不合理的比较利益,使企业竞争建立在相对公平的基础上。这里将价值"补偿"和价值"实现"做了区分:人工投入的价值是在产品成本中得到补偿问题;天然形成的价值是通过交换价格实现问题。由于海洋资源如鱼群等很难经过合法认证形式纳入会计成本核算,相当多的部分属于通过市场价格实现。

3.资源产权流动化

通过资源商品化,赋予资源经营者以经济法人地位,发挥市场机制配置资源的基础作用,使资源的使用权流向综合效益更高的部门和地区。海洋石油、大型港址等战略性资源必须掌握在国家手里,而一些普通的、在流转中不丧失其自然特质的资源,可以允许其他经济主体拥有;按法律属于集体所有的资源,如部分围垦滩涂,国家原则上不限制其产权或产权成分的流转。

4.资源再生产循环良性化

这里主要指有再生能力的资源如海洋生物资源,通过资产化管理,消除短期行为,承担资源增殖的责任,将资源的利用强度,控制在资源再生能力的阈值之内,并将资源经营所得的一部分收益,用于资源的恢复、增殖、移植和保护,如投放人工鱼礁,放流苗种,引进国外优良生物新品种等。形成以资源业养资源的良性循环,达到经济效益和生态效益的统一,实现持续永久利用。对于可耗尽资源,如滨海砂矿,在自然形态上保持资源自然性状是不可能的,但可通过价值转移,积累资金,发现和开发替代性资源新品种。

四、海洋资源资产化管理的产权管理

产权管理是海洋资源资产化管理的核心问题。哈佛大学卡尔特教授认为,现代社会依靠产权机制,使稀缺资源得到最优利用,能够为人提供某种有效的减少浪费的刺激。《经济学》的作者萨缪尔森把产权制看成经济结构最基本的东西。我国的资产管理改革也是围绕产权展开的。产权管理是更高层次的经济管理。

产权即财产性权利,是现代经济学分析经济问题的重要概念之一。美国产权经济学家德

姆塞茨将产权界定为一种使自己或他人受益或受损的行为性权利。产权在英文中用的是复数,表明它不是一种单一权利,而是以所有权为核心的包括使用权、占用权、处置权、监督权、收益权等多种权利的集合。产权是可以分割的,即在营运中可以保留某部分而转让另外的部分。正是这种分割的排列组合,造成产权管理的丰富性和复杂性,有时形成认识上的误区。

我国海洋资源管理的主要弊端,根源于各种产权关系的界定模糊不清,以行政权、经营权管理代替所有权管理,各利益主体之间的经济关系缺乏协调,造成权益纠纷迭起,资源过量消耗和生态环境恶化。资源产权权能泛化,条块分割,不能正常流转,优化组合。土地管理部门与养殖业、盐业在滩涂上职能交叉,港口、航运与渔业、海上游乐在水面上有交叉,管道、海底电缆与海上油气、采矿等在海底有交叉。任何一项资源管理办法的制定、出台和实施都要耗费人们很多的时间、精力才能达成平衡。而对茫茫大海上发生的一些违规行为,"看见的管不着,管着的看不见"。所以将产权各部分实行科学的分离,包括所有权和经营权的分离,经营权和行政权的分离,行政权中各级政府职责的分离等是非常必要的。

海洋资源产权管理的重中之重是国家对海洋资源产权的管理。因为海洋资源的大部分归国家所有,产权虚置、大量流失的恰恰又是国有产权。这里,要注意区分"资产"和"产权"两个概念,虽然产权是以资产为载体的,但它不是一种物质实体,而是一种法定权利。国有企业的产权交易或重组必须经过法定程序由法定机构审批。国有资产交易有更大的自主权,但关键的一点是,交易的收入必须用于增加资产或减少负债,否则就会造成国有产权的隐蔽性流失。

五、海洋资源资产化管理的制度安排

海洋资源的种类不同,管理工作基础不同,具体实施的制度安排也不可能相同。从整体上说,海洋资源资产化管理的制度安排可以分为三个阶段:

1.产权登记

产权登记的目的是做到资源资产实物账户清楚,就是先要盘点自己资源的"家底子"。全国海岸带和滩涂资源综合调查,全国海岛资源综合调查,基本摸清了我国海洋资源核心分布区域的资源总量,但比较粗略,也没有从产权角度进行。所以国家国有资产管理局、国家海洋局决定,为加强海岸带资源性资产管理,在河北省选点进行该类资产的产权登记工作。该项工作从1993年第四季度在沧州市开展,1994年上半年沧州试点工作完成,下半年召开经验总结推广会,逐步向唐山、秦皇岛两市推广。1995年秦皇岛登记工作也已完成。在河北取得经验后,再向全国沿海地区推广。

2.价值评估

关于海洋资源资产价值理论的探讨要形成基本的有应用价值的结论,以此确定海岸带资源性资产的定价方法,解决资源无价问题,在这个基础上建立海岸带资源的价值账户。海岸带资源资产一经企业利用,就由资产所有者即国家,收取补偿费或占用费,该费由中央和地方财政分级管理,并全部用于海岸带资源事业,同时把补偿费纳入国家财产税法体系。1995年全国各地海洋管理机构共发放800个使用证,涉及滩涂海面3.3万公顷,收取使用费约0.1亿元,2018年,财政部、国家海洋局印发了《调整海域 无居民海岛使用金征收标准》的通知,规定自2018年5月1日起,执行新的海域使用金征收标准。同时,要求沿海省、自治区、直辖市根据本地区具体情况合理划分海域级别,制定不低于国家征收标准的地方海域使用金征收标准,向有偿使用迈出了重要的一步。

3.产权运营

产权运营是在上述两个阶段工作的基础上,按照所有权和经营权适度分离的原则,形成海岸资源资产负债表,资产方为国家,负债方为使用者,逐步形成以海洋资源资产产权为中心的管理和经营新机制。

第三节 ● 海洋开发项目的财务效益评价

海洋开发项目的财务效益评价按类型可分为财务评价和国民经济评价两种。其中,财务评价主要是从用海项目的投资者角度出发,测算项目的盈利能力、清偿能力等财务状况,据以判断项目的财务可行性。国民经济评价则是从国家和社会的角度出发,计算分析国民经济为用海项目投资付出的代价以及项目建成投产后对国民经济所做出的贡献,据以评价项目的经济合理性。因为取得良好的经济效益是进行生产活动的出发点,故对海洋开发活动进行财务效益评价是必要的。财务效益评价是海洋开发项目的可行性评价的核心内容。财务效益评价由其计算指标的性质,可以分为静态评价方法和动态评价方法等。

一、海洋开发项目的财务效益的静态评价方法

海洋开发项目的财务效益的静态评价方法,是计量投资经济效益的常用方法,它是运用静态评价指标(不考虑时间因素的指标)对投资方案进行计量、分析和比较。它的内容比较简单,计算方法简便。虽然在某些方面不够完善,但大体上能够反映出投资的经济效益。这种方法对规模较小、投资较少、投资回收期短,以及使用自有资金的项目很适用,也常用于项目的初选阶段,这种方法的主要特点是不计算资金的时间价值。

1.评价指标

海洋开发项目的财务效益的评价,需要科学地设置一套评价指标,以全面地分析一项投资所引起的经济效益的变化。

(1)静态投资回收期(T)法

静态投资回收期(T)法是利用投资回收期指标所做的分析评价,通过项目净收益(包括利润和折旧)来计算收回总投资所需的时间。一般地说,投资回收期越短,投资经济效益越好;投资回收期越长,投资经济效益越差。投资回收期一般是从建设开始年(第0年)算起。其计算公式为:

$$\sum_{t=0}^{T}(CI-CO)_t = 0 \tag{3.6}$$

式中:T为投资回收期;CI为现金流入量;CO为现金流出量;$(CI-CO)_t$为第t年的净现金流量(净收益等于净利润加上折旧额,如果考虑所得税,则净收益等于税后利润加上折旧额)。

投资回收期能够反映初始投资得到补偿的速度。所以当未来的情况很难预测而投资者又特别关心资金的补偿时,回收期可以作为方案评价的辅助指标。但在决定方案的取舍时,应该把项目评价求出的投资回收期(T)与部门或行业的基准投资回收期(T_0)进行比较。当$T<T_0$时,说明方案的经济效益较好,项目在财务上是可以接受的,方案可取;如果$T>T_0$,则认为方案不可取。在评价多方案时,一般把投资回收期最短的方案作为最优方案。

例 1：某投资方案第 0 年初始投资为 1 000 元，投产后的净收益情况如下：第 1 年 500 元，第 2 年 300 元，第 3 年至第 6 年每年 200 元。该方案的投资回收期是多少？

解：

$$\sum_{t=0}^{T}(CI-CO)_t = -1\ 000 + 500 + 300 + 200 = 0$$

所以，该方案投资回收期为 3 年。

例 2：某项目的现金流量情况如下：第 0 年投资 40 000 元，第 1—3 年分别收入 6 000 元、30 000 元、10 000 元，求投资回收期。

解：

$$T = (3-1) + (40\ 000 - 36\ 000)/10\ 000 = 2.4(年)$$

（2）投资效果系数（E）法

投资效果系数是投资经济效益评价的综合评价指标，它一般是指项目在一个正常的生产年份内年利润总额与项目总投资的比率。对生产期内各年的利润总额变化幅度较大的项目应计算生产期内年平均利润总额与总投资的比率。其计算公式为：

$$投资效果系数(E) = \frac{年利润总额或年平均利润总额}{总投资} = \frac{1}{投资回收期} \tag{3.7}$$

投资效果系数用百分数表示时，便是投资利润率指标。

投资效果系数的经济含义是：每投资 1 元钱，项目投产后的一个正常生产年份所能赚得的净利润额。用投资效果系数评价方案，将实际方案的投资效果系数（E）同标准投资效果系数（E_0）相比较，若 $E > E_0$，则所评价的方案在经济上是可取的。

例 3：某养殖户准备承包一片浅海来养虾，估算总投资额约 40 万元，若预计年销售收入为 20 万元，则年生产总成本（销售费用加折旧额）为 10 万元。求该投资者的投资效果系数。

解：

$$E = \frac{20-10}{40} = 0.25$$

算出的投资效果系数是 0.25，还要和国家、部门或行业规定的标准投资效果系数 E_0 比较，才能确定方案在经济上是否可取。

（3）追加投资回收期（T'）法

实际工作中经常会遇到这样一些情况：当对同一个项目不同的方案进行比较选择时，有时可能出现技术装备水平高的甲方案，其占用的投资额大而预计投入生产后的产品总成本额小；技术装备水平低的乙方案，其占用的投资额小而预计投入生产后的产品总成本额大的情况；有一些项目已基本建成，但尚需填平补齐。这时，评价两个方案经济效益的大小，一般需要计算两个方案的追加投资回收期。所谓追加投资回收期，是指投资额大的方案以每年节约的生产成本额来补偿或回收追加投资所需的时间。其计算公式为：

$$T' = \frac{I_1 - I_2}{C_2 - C_1} \tag{3.8}$$

式中，I_1、I_2 分别为两个方案的投资额，C_1、C_2 分别为两个方案的生产成本（包括年经营费用和折旧额）。

当追加投资回收期 T' 小于标准追加投资回收期 T_0' 时，说明追加部分的投资经济效益较好，因此高投资方案较为有利。否则，低投资方案较为有利。对于采用追加投资回收期进行多方案比选时，要先按投资额从小到大将方案排序，然后从投资总额小的方案开始，成对比较，每次选出较好的一个方案，再依次与后面的方案比较，最终选出一个最优方案。

例 4：某海洋开发工程有两个方案：第一个方案采用先进技术装备，投资额为 4 200 万元，年产品总成本为 1 200 万元;第二个方案采用一般技术装备,投资额为 2 400 万元,年产品总成本为 1 600 万元。若部门的标准追加投资回收期为 5 年,应选择哪个方案?

解:两个方案相比较,其追加投资回收期为

$$T' = \frac{I_1 - I_2}{C_2 - C_1} = \frac{4\,200 - 2\,400}{1\,600 - 1\,200} = \frac{1\,800}{400} = 4.5(年)$$

因为 $T' < T'_0$,所以应选择第一方案。

(4)相对投资效果系数(E')法

类似于投资效果系数法,单位追加投资所节省的年总成本额(含经营费用及折旧额),叫作相对投资效果系数(E'),即

$$E' = \frac{1}{T'} = \frac{C_1 - C_2}{I_2 - I_1} \tag{3.9}$$

(5)年计算费用(K)法

由追加投资回收期可知,当比较两个互斥方案(互斥方案是指彼此互相排斥的一组方案,只能选择一个方案进行投资)时,若有

$$T' = \frac{I_1 - I_2}{C_2 - C_1} < T'_0 \tag{3.10}$$

根据相对投资效果系数法知

$$E'_0 = \frac{1}{E'_0} \tag{3.11}$$

式中,E'_0 为标准相对投资效果系数。则

$$\frac{I_1 - I_2}{C_2 - C_1} < \frac{1}{E'_0} \tag{3.12}$$

即有

$$C_1 + E'_0 I_1 < C_2 + E'_0 I_2 \tag{3.13}$$

$$C + E'_0 I = K \tag{3.14}$$

我们称 K 为方案的年计算费用,它是由方案的全年产品成本与按标准相对投资效果系数折算后分摊给每年的投资所组成的。显然,年计算费用越小,方案越佳。对于多方案比选时,可以分别计算出各方案的年计算费用 K,K 最小的方案为最佳方案。

例5:设 $E'_0 = 0.18$,试对表 3-1 中的四个方案进行比较选优。

表 3-1　多方案费用计算表

方案	项　目			选择
	投资额	年经营费用	年计算费用	
第一方案	1 800	700	700+1 800×0.18＝1 024	第二方案为最优方案
第二方案	2 000	600	600+2 000×0.18＝960	
第三方案	2 600	570	570+2 600×0.18＝1 038	
第四方案	2 900	550	550+2 900×0.18＝1 072	

从表 3-1 计算的结果可以看出,由于第二方案的年计算费用最小,所以第二方案为最优方案。

2.静态评价方法的比较

以上介绍了五种经济效益的静态评价方法。其中投资回收期、投资效果系数可作为单投资方案的评价方法。追加投资回收期、相对投资效果系数及年计算费用可作为多方案的评价方法。这些方法的优点是简单易懂、比较直观。缺点主要表现在以下四个方面:第一,未考虑资金的时间价值;第二,多方案比较时,未考虑各方案经济寿命不同;第三,未考虑各方案经济寿命期内费用、收益情况的变化;第四,未考虑方案经济寿命终了时的残值。

(1)投资回收期(T)与追加投资回收期(T')的比较。前者用于独立投资方案的评价,目的是要计算出方案经济效益的大小,回收全部投资所需的时间,其实质是表明项目的盈利能力。后者是用于互斥多方案的比较,其目的是要在投资及年总成本规定的情况下,选择一个较为经济合理的方案,用年成本的节约额去补偿多花的投资所需要的时间,其目的是要判断高投资方案所多花的投资是否值得,从中选出最优方案。

(2)投资效果系数(E)与相对投资效果系数(E')的比较。前者反映的是方案全部投资的经济效益,用于独立方案的评价。后者反映的是互斥的两个方案相比较,投资大的方案额外增加的那部分投资所带来的收益大小,用于互斥方案的比较。

(3)投资效果系数(E)与投资回收期(T)的比较。它们互为倒数,即 $E = 1/T$。

(4)年计算费用(K)与追加投资回收期(T')的比较。这两种方法都是用于互斥多方案比较的,但前者比后者计算要简便得多。

二、海洋开发项目的财务效益的动态评价方法

海洋开发项目的财务效益的动态评价方法是以资金的时间价值为基础的评价方法,其实质就是利用复利计算方法计算时间因素,进行经济效益判断。这种动态评价方法是将不同时间内资金的流入和流出换算成同一时点的价值,不仅为不同方案和不同项目的经济效益比较提供了同等的时间基础,而且能反映未来时期的发展变化情况。因此,考虑资金的时间因素,比较符合资金的运动规律,使评价更符合实际。动态评价的主要方法有净现值和净现值率等方法。

1.资金的时间价值及其计算

在现实生活中,一定量的资金投入生产或存入银行,随着时间的推移,其自身的价值量也会不断地发生变化,这种资金在时间的推移中增值的能力,就是资金的时间价值。

(1)复利法

复利指的是特定时间的一个金额可以等值地转换成以后某个时点的较大金额,即将现值换算成将来值。

资金的时间价值有两种计算方法:单利法和复利法。单利法是指本金计息,利息不计息的计算方法;复利法是指本金和利息都计息的计算方法。单利法和复利法的计算公式分别为:

单利法 $$F = P(1 + ni) \tag{3.15}$$

复利法 $$F = P(1 + i)^n \tag{3.16}$$

式中:F 为本利或终值;P 为本金;n 为计算利息的年限;i 为利率;$(1+i)^n$ 为复利系数,可简写为 $(F/P, i, n)$。

(2)贴现

把某一金额的将来值折算为现值的过程,称为贴现。现值的计算公式为:

$$P = F (1 + i)^{-n} \tag{3.17}$$

式中,1 为贴现率;$(1+i)^{-n}$ 为贴现系数,可以简写为$(P/F,i,n)$。

从以上的计算公式可以看出,贴现过程和复利过程正好相反。复利过程是将某一现值按照一定的利率计算为将来值。而贴现过程则是将某一将来值按照一定的贴现率推算出本金。

(3)年金(A)

所谓年金,就是在几年内每年收入或支出相等数额的金额。

为了若干年后得到一笔资金 F,从现在起每年末必须存储若干等额的资金 A。即已知 F,i,n 求 A。

$$A = F \frac{i}{(1 + i)^n - 1} \text{ 或 } A = F(A/F,i,n) \tag{3.18}$$

已知 A,i,n,求 F。

$$F = A \frac{(1 + i)^n - 1}{i} \text{ 或 } F = A(F/A,i,n) \tag{3.19}$$

已知 P,i,n,求 A。

$$A = P \frac{i(1 + i)^n}{(1 + i)^n - 1} \text{ 或 } A = P(A/P,i,n) \tag{3.20}$$

已知 A,i,n,求 P。

$$P = A \frac{(1 + i)^n - 1}{i(1 + i)^n} \text{ 或 } P = A(P/A,i,n) \tag{3.21}$$

2.动态评价方法

(1)净现值(NPV)法

净现值是指项目通过某个规定的利率 i,把不同时间点上发生的净现金流量统一折算到建设起点(第 0 年)的现值之和。这样就可以用一个单一的数值来反映项目的经济效益。净现值的计算公式为:

$$NPV = \sum_{t=0}^{n} (CI - CO)_t (1 + i)^{-t} \tag{3.22}$$

式中,NPV 为净现值;CI 为现金流入;CO 为现金流出;n 为方案的使用期限。

净现值的经济含义是反映项目在计算期内的获利能力。在利用净现值标准来评价单方案时,若 $NPV>0$,则表示项目的收益率不仅可以达到基准贴现率 i_0 的水平,而且尚有盈余;若 $NPV=0$,则表示项目的收益率恰好等于基准贴现率 i_0;若 $NPV<0$,则表示项目的收益率达不到基准贴现率 i_0 的水平。因此,只有 $NPV>0$ 时,该方案在经济上才是可取的。反之,则不可取。对于几个投资额现值相同的方案选优时,在 $NPV>0$ 的方案中,NPV 最大的方案为最优方案。

例 6:某开发者购置了一辆载重汽车,购价 480 000 元,该车年运输收入 150 000 元,运输成本 35 000 元,4 年后按 50 000 元转让,基准贴现率为 20%时。问:这项投资是否值得?

解:

$NPV = -480\,000 - 35\,000(P/A,0.20,4) + 150\,000(P/A,0.20,4) + 50\,000(P/F,0.20,4)$

$\quad\quad = -480\,000 - 35\,000 \times 2.588\,7 + 150\,000 \times 2.588\,7 + 50\,000 \times 0.482\,3$

$\quad\quad = -158\,184.5(元)$

由于 NPV 为负值,表明该项投资不值得,达不到 20%的报酬率。

（2）净现值率（NPVR）法

净现值虽然能够直接反映出项目经济效益的情况，但它没有反映资金的利用效率。也就是说，净现值只是一个绝对经济效益指标，它没有反映方案的相对经济效益。

几个方案比较时，如果它们的投资额现值不相等，此时若以各方案净现值的大小来决定方案的取舍，则可能导致错误的结论。这时就应该用净现值率来决定方案的取舍。所谓净现值率，就是按一定的利率（贴现率）求得的净现值与整个使用寿命期内的所有投资现值的和之比，得数即为净现值率。其表达式：

$$NPVR = \frac{NPV}{I} \tag{3.23}$$

式中：NPVR 为净现值率；NPV 为净现值；I 为所有投资额现值之和。

由上式可知，净现值率是净现值的一个辅助指标。净现值率的经济含义为单位投资额将获得的收益。对于多个互斥方案的比较来说，在净现值率大于零的方案中，净现值率最大的方案为最佳方案。

第四节 ● 海洋开发活动的国民经济评价

海洋资源的稀缺性、多功能性、关联性等特征，以及在我国开发利用海洋的过程中一系列的资源环境问题决定了对海洋开发活动进行国民经济评价十分迫切和重要。

一、海洋开发活动的国民经济评价的基本概念

1.内涵

国民经济评价，按照资源合理配置的原则，从国家整体角度和社会需要出发，采用费用与效益分析的方法，运用社会折现率等经济评价参数（或称国家参数），计算和分析国民经济为投资项目所付出的代价（费用）以及项目对国民经济所做出的贡献（效益），以评价投资项目在宏观经济上的合理性。

2.国民账户

国民经济（无论是公共部门还是私营部门）都要求采用一种有条理且具有国际可比性的办法来衡量海洋经济。在其他经济活动领域，连接国民账户框架有助于改善社会经济数据，使之具有可比性、一致性和可复制性。可以借鉴这些领域的经验教训，采取措施改进海洋经济的衡量方式，例如世界上许多国家建立了专用卫星账户，其目的是监测医疗保健支出、环境状况，甚至旅游业发展等。

国民账户是以系统的方式收集国内经济活动数据、描述经济的主要手段。核心国民账户包含通常由各国政府指定的机构（如国家统计部门和中央银行）编制的经济统计数据。

下述两个框架规定了编制国民账户的国际标准。《2008 年国民账户体系》（2008 SNA）是全球公认的参考手册，由联合国、欧盟委员会、国际货币基金组织、经合组织和世界银行联合出版发行。《2008 年国民账户体系》指导各国统计部门建立国民核算数据库，并为报告经济统计数据提供了框架。在欧洲，欧盟成员国在法律上有义务实施欧洲国民账户体系（ESA 2010），

除了一些少数的例外情况,此体系与全球体系完全兼容。

若国民账户按时间序列连续编制,则能够提供揭示经济主体行为的信息流。在理想情况下,应定期(至少每年)收集用于编制国民账户的数据。收集的数据越有规律,国民账户就越能够通过观察时间序列提供最新的经济表现。这种时间序列将用于经济政策分析,并构成经济预测的基础。收集的数据还可以通过计量经济学建模来评估因果关系;公共和私人组织以及各级政府的决策都采用这种做法。最后,国民账户为使用共同标准比较各国经济表现提供了数据资源(条件是参与比较的国家的做法符合《2008 年国民账户体系》所述框架)。

《2008 年国民账户体系》旨在通过 GDP、增加值和就业等关键指标衡量经济活动。因环境资产收获而产生的收入流也包括在内,作为对此类措施的贡献。这意味着标准的国民账户体系框架能够统计环境商品,如捕获的渔业资源或开采的海洋能源资源等。但这些商品仅仅是来自海洋环境的产品和服务的两个例子。总的来说,环境产品和服务在许多海洋经济体中占有相当大的比例。但是,通过开发环境资源而产生的收入并不包括这类"收入"导致的环境资源的消耗或退化。为了更全面地核算环境存量和流量,必须扩大国民账户体系的基本结构,涵盖更广泛的影响,如经济活动对环境资产和生态系统服务价值的影响。

二、海洋开发活动的外部效应

1.外部效应的概念

外部效应又叫外部性或外部效果,是指一个生产者或消费者的行为对其他生产者或消费者福利的影响,但没有激励机制使产生这种影响的生产者或消费者在决策时考虑这种行为对别人的影响。如围海工程所导致的对生态的破坏和对环境的污染;又如对近海渔业资源的过度捕捞,从而使一些鱼类濒临灭绝。这些都是海洋开发活动中产生的外部性。

外部效应必须同时具备两个条件:一是生产消费经济活动将影响与本活动无直接关系的其他生产者和消费者的生产水平和效用水平,这称作相关条件;二是这种效果不计价或不需补偿,称作不计价条件。只有同时满足了上述两个条件时,才能称为外部效应。如邻近海域的养殖户受到印染厂排放废液的污染,而印染厂给养殖户以相应的赔偿时,就不是外部效应,或者叫作外部效应内部化。又如,由于湛江港基础设施的改进,为"狮子星"号等大型豪华邮轮的停靠带来方便,这是它为旅游业造成的积极的外部效应,但是,如果港口因此要对旅游商收取相应的费用,那也不算外部效应了。

2.外部效应的分类

(1)外部经济性和外部不经济性

外部经济性又叫正的外部性,是指经济行为主体的活动使他人或社会受益,而受益者又无须付出代价,受益者所得到的这部分收益叫作外部效益。如上例中的港口对旅游商产生的外部性就是外部经济性。外部不经济又叫作负的外部性,是经济行为主体的活动使他人或社会受损,但却没有为此承担成本。受害者所受到的这部分损失叫作外部费用。如上例中的印染厂废液对养殖户所产生的危害,就是外部不经济性,因为印染厂并不会因此向养殖户支付任何形式的赔偿费。

(2)公共外部性与私人外部性

公共外部性是指经济主体的行为对这一区域内的所有消费者或生产者的福利都造成影响的外部性,叫作公共外部性。如一海湾被污染后,受其影响的不仅限于某些人,而是居住在这一区域内的所有居民,即使人口增加也不会减少水域被污染的水平,这是一种公共损害。同样,一座免费的海滨公园给人们带来的就是一种"公共享受"。这些都是公共外部性。私人外部性是经济主体的行为只对该区域内极少数消费者或生产者产生影响的外部性。如某公司的海带养殖区给附近一个渔村的人出海带来不便,但这个渔村的人们经常可以拣到很多被风浪打到岸边的海带,这个公司的影响就是私人外部性。

（3）技术外部性和货币外部性

如果某种外部性确实使社会总生产或总消费发生变化,这种外部性就是技术外部性。如对近海渔业资源的过度捕捞和围海工程对生态环境造成的破坏等都是技术外部性。货币外部性是指由于相对价格的变化造成第三者的收益也发生变化的外部性。如产品本身价格的下降,导致互补产品价格的上升、替代产品价格的下降、资源价格的上升等都是货币外部性。

3. 海洋开发活动外部效应产生的原因

海洋开发活动之所以会产生外部性（主要是负的外部性）,根本原因在于海洋资源产权难以明晰,从而使海洋资源在很大程度上具有准公共资源性质。

海洋资源的准公共资源性质决定了开发者在利用时会对它过度使用,即易产生负的外部效应。为了说明该问题,现假定存在两种配置机制:一是某一片海域明确地属于某个人;二是这片海域具有公共产权,每个人都可以无限制地捕鱼。假定购置一条渔船的成本为 a,每一条海船可捕到多少鱼取决于渔船的数量 c,假定 c 条渔船可捕到的鱼的价值总额为 $f(c)$,那么每一条渔船带来的产值为 $f(c)/c$。

对于第一种情况,该海域所有者会从渔业可持续发展的角度来考虑,最佳利用应是使净收益最大,即:$[f(c)-ac]=max$,对该式两边同时求导数,就会得到每增加一条渔船的边际收益（MR）等于购买一条渔船的成本（a）,即:$MR(c')=a_0$。这时,他会自觉地将渔船的数量调整到 c',也就是说渔船的总数 c' 是由渔船边际收益 $MR(c')$ 等于其边际成本 a_0 来决定的。

然而,当这片海域是公共的海域时,每个渔民在考虑是否增加渔船的数量时,只考虑增加一条渔船给自己带来的额外收益 $f(c)/c$,并将它与购买一条船的成本 a 相比较,如果 $f(c)/c$ 大于 a 的话,他就会增加这一条渔船。但他没有想到增加这条渔船会带来的外部成本。这个外部成本就是所有渔船数量的增加会增加对渔业资源的捕捞,而渔业资源的减少会减少其收益。也就是说,他如果增加一条渔船,这时每条渔船创造的产值就变为 $f(c+1)/(c+1)$,而不是 $f(c)/c$。而渔业资源在一定时期中又有限,即 $f(c+1)=f(c)$,所以 $f(c+1)/(c+1)<f(c)/c$。他增加渔船时,其他渔民也会这样做,最后均衡的渔船数量符合这样的等式 $f(c^*)/c^*=AR=a$,也就是说渔船的总数按平均收益（AR）与每一条渔船的成本 a 相等来决定的,而不是按边际收益 $MR(c')$ 等于边际成本 a_0 来决定的。

对海洋开发者的这一行为,其实也很容易理解,随着捕捞人数的增加,要解决彼此共同的问题会更困难,因为人数越多,每一个人的责任感就会减弱,这可以从两方面来看:一方面,当人数增加之后,个人行为的后果对整体来说微不足道,但对他自己来说,却影响重大,也就是说当有其他渔船过度捕捞,而自己却基于保护资源的观点而自我克制时,这对整体改善的效果并不大,但自己却要付出一定的代价,作为一个理性的经济人,显然他也会选择过度捕捞;另一方面,如果自己基于自身的利益而违规捕捞,那么对渔业资源造成的损害却并不明显,而自己却可以明显而且快速地得到好处,这时他选择的策略可能是违规捕捞,即当总体上有加大利用捕捞的可能时,自己加大利用而别人不加大利用则自己得利,自己加大利用其他人也加大利用时,自己也不至于吃亏。这样一来,最终所有人都会加大捕捞的力度,直至不能再加大利用为止(再加大利用肯定要受损)。所以,从这两方面来讲,个人责任感都会随着人数的增加而逐渐减弱,而且随着人数的增加,人们的这种倾向会增加。

三、海洋开发活动的效益和费用

1.海洋开发活动成本和收益的调整

海洋开发活动会产生外部费用和外部效益,影响海洋资源的合理配置。为了使海洋资源优化配置,在核算海洋开发活动的成本和收益时就必须考虑这种外部性。而要考虑这种外部性,首先必须识别并计量这些外部费用和收益,再把这些外部费用和收益与开发项目的财务成本与收益相加,作为海洋开发项目的总成本和总收益。国民经济收益与费用的差额称为投资项目国民经济净贡献。海洋开发活动的经济目标是项目给国民收入带来增量的最大化。因此,项目的费用应是国民经济所付出的代价;项目的效益应是其对国民经济所做的贡献。也就是说任何导致社会最终产品或服务减少的都是费用;任何导致社会最终产品或服务增加的都是效益。

2.海洋开发活动的国民经济效益

用海项目的国民经济效益是指项目对国民经济所做的贡献,包括直接效益和间接效益。

直接效益是指由项目产出物产生并在项目范围内以影子价格计算的经济效益。根据产出物的具体情况,直接效益的确定也有所不同。

(1)项目投产以后增加总的供给量,即增加了国内的最终消费品或中间产品,此时项目的直接效益表现为增加项目产出物或者服务的数量以满足国内需求的效益。

(2)项目投产以后减少了其他相同或类似企业的产量,即从整个社会来看,没有增加产品的数量,只是项目投产后产品数量代替了其他相同或类似企业的等量产品,这时项目的直接效益是被替代企业因为减产而节省的资源价值,即项目产出物替代效益较低的相同或类似企业的产出物或者服务,使被替代企业减产(停产)从而减少国家有用资源耗费(或损失)的效益。

(3)增加出口或减少进口的产出物。增加出口就是项目投产以后增加国家出口产品的数量,其效益可看作是增加出口所增收的国家外汇。减少进口是指项目投产以后,其产品可以替代进口产品,从而减少国家等量产品的进口,其效益可看作是减少进口所节约的外汇。

间接效益(亦称外部效益)是指由项目引起的而在直接效益中未得到反映的那部分效益。间接效益分为可计量和不可计量两部分。

(1)可计量的间接效益主要是对上下游企业所产生的效益,即由于项目投产后使原有的上下游企业多余的生产能力得以发挥或达到经济规模所产生的额外收益。

上游企业的效益主要是指一个项目的建设会刺激那些为该项目提供原材料或半成品的经济部门的发展而产生的效益;下游企业的效益主要是指一个项目的建设会刺激那些以该项目的产出物为原材料的经济部门的发展所产生的效益。

(2)不可计量的间接效益是指由于项目存在而产生的人们不易把握的、比较抽象的、从项目的直接效益中反映不出的国民经济效益。尽管难以计量,但若不予考虑,可能会人为地缩小项目的效益,所以在国民经济效益评估中应力争给予定性分析。

3.海洋开发活动的国民经济费用

用海项目的国民经济费用是指项目存在而使国民经济所付出的代价,包括直接费用和间接费用。

直接费用是因项目使用投入物所产生并在项目范围内以影子价格计算的经济费用。根据投入物的具体情况,直接费用的确定也有所不同。

(1)因项目存在而增加项目所需投入物的社会供应量。此时,项目直接费用表现为其他部门为供应本项目投入物而扩大生产规模所耗用的资源费用。

(2)减少对其他相同或相似企业的供应,即项目的投入物是由减少对其他企业的供应而转移过来的。此时项目直接费用表现为减少对其他项目投入物的供应而放弃的效益。

(3)增加进口或减少出口的投入物。增加进口就是因为项目存在而使国家不得不增加进口,以满足其对投入物的需要,其费用可看作是国家为增加进口而多支付的外汇。减少出口是指因项目使用了国家用来出口的商品作为投入物从而减少了国家的出口量,其费用可看作是国家因减少出口而损失的外汇收入。

间接费用是指由项目引起而在项目的直接费用中未得到反映的那部分费用,即社会为用海项目付出了代价而项目本身并未支付的费用。在海洋的开发利用中,间接费用常表现为海洋资源的耗用、海洋环境的破坏和海洋生态系统服务功能的退化。

4.计算海洋开发项目中费用与效益的原则

(1)机会成本原则。机会成本原则是指项目的效益与费用是用消费者的支付意愿或机会成本来度量的。因为项目对一切有用资源的耗费或占用都意味着国民经济失去了产生其他效益的机会。对于某些具有唯一特征或不可逆特征的海洋自然资源,开发工程可能使其发生巨大的变化,以至于破坏了它原有的自然系统。这时,开发工程的机会成本就是在未来一段时间内保护自然系统得到的净效益的现值。它在量上等于这些自然资源如果开发利用后所产生的经济价值,但这个价值量是这些海洋自然资源的最低价值量,因为开发活动在很大的程度上是不可逆的。

(2)有无原则。有无原则是用有这个项目和没有这个项目对国民经济效益的影响来确定项目的费用与效益的。有无原则主要用于计量项目所产生的如外部效果方面的一些费用或效益。一个项目的建成会产生外部效果,所以应利用有无原则计算其外部效果。

(3)国家原则。对项目的一切收支活动,都应从国家角度出发来考察。凡是没有花费社会资源的均不作为项目的费用;凡是没有为全社会增加资源或做出贡献的均不作为收益。

5.识别海洋开发项目中费用与效益的步骤

由于海洋开发项目财务方面的费用和效益较容易识别和计量,所以这里只讨论外部效应方面的费用和效益的识别和计量。为了识别项目的费用和效益,必须进行如下步骤的研究和分析。

确定分析范围,识别主要生态环境影响。从费用效益分析的观点看,分析的范围越大,则越能包括所有的外部影响,但分析范围的选择还要取决于其他因素,比如可供分析用的人力、物力、财力等。同时还必须识别最重要的外部影响。

分析和确定重要生态环境影响的物理效果。在识别了主要的外部影响后,就要确定这些影响的物理效果,特别是对生态环境功能或环境质量的损害,以及由于生态环境质量变化而导致的经济损失。

运用价值评估技术对上述物理效果进行货币估价。一般地,价值评估技术有三大类:一是,直接市场评价法。包括剂量反应法、损害函数法、生产率变动法、生产函数法、人力资本法、机会成本法、重置成本法等。二是,揭示偏好法。包括内涵资产定价法、旅行费用法、防护支出法等。三是,陈述偏好法。例如,意愿调查法等。通过这些方法,可以实现对上述物理效果的货币估价。

四、海洋开发活动的国民经济评价方法

在对用海项目进行国民经济评价时,通常采用的方法为经济净现值($ENPV$)法,经济内部收益率($EIRR$)法和效益费用比法三种评价方法。

1.经济净现值($ENPV$)法

经济净现值是反映项目对国民经济所做净贡献的绝对指标。它是用社会贴现率将项目计算期内各年的净效益折算到建设初的现值之和。计算公式为:

$$ENPV = \sum_{t=1}^{n} (B-C)_t \cdot (1 + i_e)^{-t} \qquad (3.24)$$

式中:B 为效益流入量;C 为费用流出量;$(B-C)_t$ 为第 t 年的净效益流量;i_e 为社会折现率;n 为计算期(年)。

若经济净现值 $ENPV \geq 0$,项目或方案在经济上是可以接受的;若 $ENPV < 0$,则项目或方案不可取。多方案比较时,$ENPV$ 越大越好。

2.经济内部收益率($EIRR$)法

内部收益率用于国民经济评价时,将其结果称为经济内部收益率,即为 $EIRR$。经济内部收益率是反映项目对国民经济贡献的相对指标,它是指项目计算期内的经济净现值为零时的折现率,计算公式为:

$$\sum_{t=1}^{n} (B-C)_t \cdot (1 + EIRR)^{-t} = 0 \qquad (3.25)$$

式中:B 为效益流入量;C 为费用流出量;$(B-C)_t$ 为第 t 年的净效益流量;n 为计算期(年)。

一般情况下,经济内部收益率大于社会折现率的项目认为是可取的。

3.效益费用比法

效益费用比法即总效益与总费用之比,它用 a 表示:

$$a = \frac{效益}{费用} = \frac{\sum_{t=1}^{n} B_t(1+i)^{-t}}{\sum_{t=1}^{n} C_t(1+i)^{-t}} \qquad (3.26)$$

式中:B 为第 t 年的总效益;C 为第 t 年的总费用;i 为社会贴现率(又称影子利率);n 为计算期(年)。

如果效费比 $a > 1$,说明社会得到的效益大于该项目或方案支出的费用,项目或方案是可以接受的;若 $a < 1$,则该项目或方案支出的费用大于所得的效益,项目或方案不可取。多个方案进行比较时,a 越大的,经济效益越大。

除上述基本经济指标以外,在国民经济评价中还应考虑社会效果评价作为辅助指标,归纳起来有四种,分别为收入分配目标、劳动就业目标、创汇节汇目标和环境保护目标。

五、海洋开发活动的国民经济评价参数

在对海洋开发活动进行国民经济评价时,涉及多个参数,包括影子价格和影子汇率等。

1.影子价格

使用影子价格时,项目投入物和产出物分为外贸货物、非外贸货物和特殊投入物三种类型。其中,外贸货物是指其生产或使用将直接或间接影响国家进出口的货物。包括:项目产出物中直接出口、间接出口(内销产品,替代其他货物使其他产品增加出口)或替代进口者(内销产品,以产顶进,减少进口);项目投入物中直接进口、间接进口(挤占其他企业的投入物使其增加进口)或挤占原可用于出口的国内产品者(减少出口)。非外贸货物是指其生产或使用不影响国家进出口的货物。除了建筑、国内运输等基础设施和商业的产品和服务外,还有由于运输费用过高或受国内外贸易政策等的限制不能进行外贸的货物。特殊投入物是指劳动力和土地。这三种类型的影子价格的确定方法见表3-2。

表 3-2 影子价格的确定方法

外贸货物	产出物	直接出口产品	影子价格=离岸价格×影子汇率-(国内运输费用+贸易费用)
		间接出口产品	影子价格=离岸价格×影子汇率-原供应厂到口岸的运输费用及贸易费用+原供应厂到用户的运输费用及贸易费用-拟建项目到用户的运输费用及贸易费用
		替代进口产品	影子价格=原进口货物的到岸价格×影子汇率+口岸到用户的运输费用及贸易费用-拟建项目到用户的运输费用及贸易费用
	投入物	直接进口产品	影子价格=到岸价格×影子汇率+(国内运输费用+贸易费用)
		间接进口产品	影子价格=到岸价格×影子汇率+口岸到原用户的运输费用及贸易费用-供应厂到用户的运输费用及贸易费用+供应厂到拟建项目的运输费用及贸易费用
		减少出口产品	影子价格=原出口货物的离岸价格×影子汇率-供应厂到口岸的运输费用及贸易费用+供应厂到拟建项目的运输费用及贸易费用
非外贸货物	产出物	增加供求数量满足国内消费的产出物	供求均衡的,按财务价格定价;供不应求的,参照国内市场价格并按照价格变化的趋势定价,不应高于相同质量产品的进口价格
		不增加国内供应数量,只是替代其他相同或类似企业的产出物	质量与被替代产品相同的,按被替代企业相应的产品可变成本分解定价;提高产品质量的,按被替代产品的可变成本加提高产品质量而带来的国民经济效益定价
	投入物	需通过增加投资扩大生产规模来满足拟建项目需要的投入物	按全部成本分解定价。当难以获得分解成本所需的资料时,可参照国内市场价格定价
		无法通过扩大生产规模增加供应的投入物	参照国内市场价格和国家统一价格中较高者定价

续表

特殊投入物	劳动力	劳动力的影子工资可通过财务评价时所用的工资和福利费之和乘以影子工资换算系数求得。影子工资换算系数由国家统一测定发布
	土地	土地的影子价格由土地的机会成本和因土地转变用途而发生的新增资源消耗两部分(如居民搬迁费)构成。土地的机会成本按照拟建项目占用土地而使国民经济为此放弃的该土地"最好可行替代用途"的净效益测算

2.影子汇率

影子汇率是从国民经济角度对外汇价值的估量,是外汇的影子价格。影子汇率用于外汇与人民币之间的换算,同时又作为经济换汇或节汇成本的判据。在项目评价中,用国家外汇牌价乘以影子汇率换算系数得到影子汇率。影子汇率换算系数由国家统一测定发布。

六、海洋开发活动财务评价和国民经济评价的区别

1.评价的角度不同

对海洋开发活动进行财务评价是从用海单位或个人(即投资者)的角度出发采用现行的市场价格,测算该开发活动的费用和效益,进而分析获利能力、还贷能力、外汇效果等财务状况,以此来考察该活动是否可行。

而对海洋开发活动进行国民经济评价,则是从整个社会的角度出发,采用社会折现率等参数来计算该开发活动的费用和效益,进而分析项目对国民经济的贡献(净效益)和国民经济为项目所付出的代价,以此来评价该活动的经济合理性。

2.评价的目的不同

对海洋开发活动进行财务评价,以用海项目净收益最大化为目标,目的是为项目选址或生产规模方案的选择提供财务依据;对海洋开发活动进行国民经济评价,以实现海洋资源的最优配置和有效利用,实现国民收入最大增长为基本目标,是对不同的拟建项目进行择优或对拟建项目的生产规模进行选择。此外,财务评价主要考察项目的筹资来源和其盈利能力、清偿能力、利润和分配情况等,国民经济评价主要考察海洋开发项目对国民经济的贡献及国民经济为项目付出的代价,即判断该项目是否应当兴建以及拟建项目应有多大的规模才能实现资源的利用效率最大化。

3.费用和效益的含义及划分原则不同

对海洋开发活动进行财务评价,费用和效益的划分着眼于货币的收入与支出。凡减少项目收入的即财务费用,凡增加项目收入的即财务收益。通常情况下,费用是指用海单位或个人在生产和销售商品、提供劳务等生产经营过程中所产生的各种耗费,而效益通常仅指经济效益,即用海单位或个人的生产总值同生产成本之间的比例关系。

对海洋开发活动进行国民经济评价,费用和效益的划分着眼于项目引起的社会资源的变动。凡是消耗社会资源的项目投入,均计为费用;凡是增加社会资源的项目产出,均计为效益。因此通常情况下,费用是指国民经济为该项目付出的代价,包括直接费用和间接费用。即除了计算直接费用外,还要计算在开发利用海洋的过程中产生的外部成本(海洋资源的耗用成本、海洋环境的恢复成本和海洋生态系统服务功能的退化成本)。而效益除了经济效益外,还包括生态效益和社会效益。

4.评价的内容不同

对海洋开发活动进行国民经济评价,除了要科学衡量项目的效益和费用外,还要对财务数据中的转移性支付部分加以调整。转移性支付包括税金、补贴、国内贷款利息等内容。税金是用海单位或个人向国家交纳的一种财务支出,虽然减少了用海单位或个人的收益,但只不过是将这笔收入转移到国家财政收入中,所以从国民经济评价的角度来看,无论是哪一种形式的税金,都属于转移性支付,而不是一项经济费用。补贴是从国家财政转移到用海单位或个人的那部分资金,这种补贴使用海单位或个人获得了一定的财务收益,但并没有造成国内资源的耗费,因此,在国民经济评价中,这部分补贴不应计入用海单位或个人的效益。利息是利润的转化形式,国内贷款利息,在财务评价中是作为一项支出来处理的,但从国民经济评价的角度来看,是用海单位或个人与银行之间所有权的转移,并不涉及海洋资源的增加或减少,所以不能列为费用,也不能列为效益。因此,在对海洋开发活动进行国民经济评价时,应从财务评价的原费用与效益中剔出其中的转移性支付的部分。

5.评价的范围不同

对海洋开发活动进行财务评价只限于用海单位或个人本身,而且只考虑发生在项目范围内能直接以货币度量的效益,即定量分析。但是对海洋开发活动进行国民经济评价,是将整个国民经济和社会作为独立的经济系统进行分析的,除了考虑直接的能以货币度量的效益以外,还要分析间接的、不能以货币度量效益的影响,也就是说除了进行定量的分析以外,还要进行定性分析。

6.评价的参数不同

从我国目前情况来看,对海洋开发活动进行财务评价时,采取的是财务价格即以现行价格体系为基础的预测价格。但是这种财务价格不能真实地反映海洋资源的价值。因此,对海洋开发活动进行国民经济评价时,就采取了一种既能反映海洋资源本身的实际价值,又能反映产品市场供求关系的价格,这种价格就是调整后的影子价格。用于财务评价的重要参数,如基准收益率、基准投资回收期等,分别由行业测定,经有关部门综合协调后发布应用;用于国民经济评价的重要参数,如社会折现率、影子汇率换算系数等,由国家计划委员会和建设部共同测定发布,并定期予以调整。

7.评价的对象不同

在一般情况下,对于没有财务收入的项目,不进行企业财务效益评估,如防洪工程、环保工程等;但是,不管有无直接财务收入,一些重大的有关国计民生的项目,投入产出物财务价格明显不合理的项目,特别是对能源、交通基础设施和农林水利项目,以及某些政府贷款项目等,应按要求进行国民经济评价。

尽管海洋开发活动的财务评价和国民经济评价有着诸多的区别,但是两者在经济利益机制原则下可以有机地结合起来。因为国民经济建设事业得以长期、协调、稳定的发展,国家经济利益得以最终实现,从根本上来说只能是在微观经济的长足发展、个体经济效益不断提高的基础上实现。因此,实际当中,不应将两种评价视为相互孤立的两个评价体系,而应作为互相制约、相辅相成的互补关系。

思考题

1.海洋开发活动的成本、收益和利润之间具有何种联系?

2.简述劳动消耗与劳动占用的联系和区别。

3.什么是海洋资源的资产化管理？为什么要对海洋资源进行资产化管理？

4.财务效益评价中静态评价法和动态评价法的最根本区别是什么？

5.年计算费用(K)法最适于在何种情况下应用？它与追加投资回收期(T')法具有什么区别？

6.什么是海洋开发活动的外部效应？它具有哪些特征？

7.简述海洋开发活动国民经济评价的步骤。

8.从评价目的出发,海洋开发活动的财务评价与国民经济评价的不同点是什么？

第四章
海洋产业经济

第一节 ● 海洋产业概述

一、海洋产业及其分类

海洋产业亦称"海洋开发产业",是人类开发利用海洋资源,发展海洋经济而形成的生产事业。它包括 5 个方面:直接从海洋中获取产品的生产和服务;对获取产品的加工生产和服务;直接应用于海洋和海洋开发活动的产品的生产和服务;利用海水和海洋空间作为生产过程的基本要素所进行的生产和服务;与海洋密切相关的科学研究、教育、社会服务和管理。

根据我国《海洋及相关产业分类》(GB/T 20794—2021),将海洋产业划分为 15 个大类、59 个中类、176 个小类。15 个大类是:海洋渔业;沿海滩涂种植业;海洋水产品加工业;海洋油气业;海洋矿业;海洋盐业;海洋船舶工业;海洋工程装备制造业;海洋化工业;海洋药物和生物制品业;海洋工程建筑业;海洋电力业;海水淡化与综合利用业;海洋交通运输业;海洋旅游业等。

海洋产业的分类,也有学者根据不同的研究目的进行划分。按照技术标准和时间标准,把海洋产业划分为传统产业、新兴产业和未来产业三种不同阶段的类型。技术标准上:不依赖现代新技术和高技术在 20 世纪 60 年代以前形成的产业为传统产业;主要或部分依赖新技术和高技术在 20 世纪 60 年代至 2000 年形成的产业为新兴产业;依赖新技术和高技术在 21 世纪形成的产业为未来产业。时间标准上:20 世纪 60 年代以前即已大规模开发而形成的产业为传统产业;20 世纪 60 年代以后由于陆地资源减少或其他原因,在 2000 年以前能形成的产业为新兴产业;21 世纪才可能开发的资源,可作为未来产业。

根据我国《海洋及相关产业分类》(GB/T 20794—2021),结合 2021 年 12 月国务院印发的《"十四五"海洋经济发展规划》,明确走依海富国、以海强国、人海和谐、合作共赢的发展道路,将海洋产业分为海洋传统产业、海洋新兴产业和海洋服务业三大类。部分海洋产业见表 4-1。

表 4-1 部分海洋产业

新兴产业	传统产业
海洋医药业	深海和超深海油气业
可持续远洋渔业	海上风电业
海洋装备制造产业	航运业

资料来源:中国生态环境部、《"十四五"海洋经济发展规划》.

根据三次产业分类法,按产业的属性将已经存在或可能出现的海洋产业进行归类划分,分为海洋第一、二、三产业、"第零产业"和"第四产业"。按照《海洋及相关产业分类》(GB/T 20794—2021)的规定,海洋第一产业包括海水养殖、海洋捕捞、涉海农作物种植、涉海林木种植和管护,海洋第二产业包括海洋水产品冷冻加工、海洋石油和天然气开采、海底矿产资源采选、海水制盐、海洋船舶制造、海水淡化等,海洋第三产业包括海洋交通运输业、滨海旅游业、海洋科学研究、教育、社会服务业等。无论其所在地是否为沿海地区,均可视为海洋产业活动。海洋"第零产业""第四产业"是对第一、二、三产业划分法的延伸。"第零产业"是从事海洋资源生产、再生产的物质生产部门,可分为资源勘探业和资源再生业两类。"第四产业"是以高知识、高智力、软投入和高产出为特征,为海洋开发提供情报信息服务,开发利用海洋信息从而促进海洋生产力发展,创造物质财富的智力产业。如在海洋遥感、水声技术、海洋电子仪器等方面快速发展的海洋电子信息产业。

二、海洋产业转型升级

海洋产业转型升级一般是指一定区域内各产业协调发展、技术进步和经济效益提高的过程。据此,海洋产业转型升级可以理解为海洋产业发展方式、产业结构和发展动力不断优化升级的过程。主要表现为以下三个方面:

1.海洋产业结构不断优化升级

海洋产业结构不断优化升级主要是指海洋产业新技术、新业态、新产品不断涌现,从而导致海洋新兴产业不断培育壮大、海洋服务业加快发展,引发海洋产业内部结构不断优化升级的过程。

产业结构优化是产业之间的经济技术联系(包括数量比例关系)由不协调不断走向协调的过程,是产业结构由低层次不断向高层次演进的高度化过程。主要包括产业结构合理化和高度化两方面。

产业结构优化,要求产业结构合理化。合理产业结构以"充分合理利用自然资源、各产业间协调发展、及时提供社会需要的产品和服务的应变能力、取得最佳经济效益"为标志。产业结构优化的实质是要实现资源在产业之间的优化配置和高效利用,促进产业经济协调、稳定、高效发展。如海洋产业内部结构从海洋传统产业主导向海洋新兴产业和海洋服务业主导转变,从资源密集型、劳动力密集型等低生产率产业逐步向资本密集型、技术和知识密集型等高生产率产业转变。

2.海洋产业附加值不断提高

海洋产业附加值不断提高主要指海洋产业向附加值高的部门或环节发展的趋势,各产业越来越多地采用高级技术、先进工艺从事生产,生产的产品和从事的工作技术知识含量越来越高,在产业价值链上获得的分工收益也越来越高,海洋产业发展逐步从数量扩张型向质量效益型等转变。

3.海洋产业发展动力逐渐更替

海洋产业发展动力逐渐更替表现为技术知识集约化程度不断提升,产业发展驱动力逐步由原先主要依靠资源、能源、要素投入向依靠科技、依靠人力资本、依靠创新转变,创新驱动的作用明显增强。

随着海洋产业转型升级的不断演进,海洋产业结构将逐步合理化,海洋产业之间的协调能力与关联水平逐步增强,产业附加值和技术知识集约化水平也不断提升。

三、我国推进国家海洋产业转型升级的发展思路

深入落实习近平总书记系列重要讲话精神和"四个全面"总体战略布局,以转型升级为主线,以体制机制改革和创新驱动为根本动力,以结构调整为重点,坚持创新驱动转型发展、结构优化高端发展、生态优先绿色发展,积极实施一批重大海洋工程与行动计划,加快培育壮大海洋新兴产业、推动海洋传统产业提质增效、促进海洋服务业大发展,实现海洋资源战略性开发、海洋产业高端化发展、海洋科技创新和海洋生态保护统筹推进共同发展,建设海洋产业发达、海洋科技先进、海洋生态健康的现代海洋产业发展体系,切实提升海洋经济综合实力,使创新真正成为推动中国海洋产业发展的重要引擎,推动海洋经济向质量效益型转变。要坚持以下几个原则:

1.创新驱动,转型发展

深入实施创新驱动海洋产业发展战略,充分发挥中国科教资源丰富优势,重视海洋高等教育和研发投入,加大海洋科技投入,推进各类科技创新载体建设,强化海洋人才培养和引进,完善科技创新体系,提高海洋科技创新能力,构建有利于科技资源整合、科研成果转化的体制机制,提高先进技术对海洋产业发展的支撑和驱动作用,推动外延式、粗放型的发展模式向内涵式、集约型的发展模式转变。

2.结构优化,高端发展

以高端船舶、海洋工程装备、现代海洋渔业、现代海洋化工等海洋新兴产业和现代海洋服务业为主要发展方向,引导企业加大新型产品、高附加值产品的研发投入,以占领产业未来竞争的制高点,推动海洋产业结构优化,实现从低端产品过度竞争向高端产品率先发展的转变。

3.生态优先,绿色发展

按照建设海洋生态文明的要求,坚持海洋资源开发与生态保护并重,把改善生态、保护环境作为海洋开发和海洋产业发展的重要内容,逐步提高环境准入标准,加快发展和推广绿色技术,大力推广海洋循环经济模式,提高海洋产业可持续发展能力,着力构建海洋生态产业体系。

第二节 ● 海洋三次产业

一、海洋第一产业

1.内涵和特征

海洋第一产业指海洋农业,是人类利用海洋生物有机体将海洋环境中的物质能量转化为具有使用价值的物品或直接收获具有经济价值的海洋生物的社会生产部门。海洋第一产业包括海洋渔业、海洋植物栽培业、海洋牧业、海水灌溉农业等。

海洋渔业指捕捞和养殖鱼类及其他水生动物、海藻等水生植物以取得水产品的社会生产部门。按生产方式和产业等级分为捕捞业、海水养殖业和海水增殖业;按作业水界分为近海渔业、浅海滩涂渔业、外海渔业和远洋植业;按作业水层分为中层植业、上层渔业和底层渔业。海

水养殖业是指在人工控制下,利用浅海、滩涂、港湾从事鱼、虾、贝、藻等繁殖和养成的生产事业。作为一项新兴的产业,海水养殖业将是海洋渔业未来的主体。其生产的总过程主要是人工育苗、中间育成、海上养成等,也有少数品种在室内工厂化养成。目前世界上海水养殖有经济鱼类、贝类和藻类等,我国海水养殖产量居世界第一位。海水增殖业是指通过人工放流苗种、设置人工鱼礁和其他改善生态环境的办法,使渔业资源恢复和增加,以提高渔业产量的一种产业。

海洋植物栽培业是指在海上用人工方法栽培植物(如海藻),使其繁殖生长,以获取需要的植物性产品生产过程。当生产集中连片,具有一定规模,并按照科学方法进行组织管理时可称之为海洋农场或海上农场。一般选择潮流畅通、光照适宜、水质肥沃的适宜海洋环境,在人工控制下,依靠光照和适当施肥,以达到稳产、高产和优质的目的。

海洋牧业指人工采取科学的管理方法,在选定的海区大面积养殖经济鱼、虾、贝或藻类等的大型养殖业。

海水灌溉农业指以海水资源、沿海滩涂资源和耐盐植物为对象的特殊农业。

海洋第一产业各部门生产过程是生物有机体、自然环境、人类劳动三类基本因素共同作用的结果。海洋第一产业中的采集、捕捞,生产过程是以终结和即将终结生命活力的生物体为生产对象,同海水养殖业、海水增殖业、海洋植物栽培业等需要利用生物的生理机能、自然力和人类劳动去强化或控制生命活动的生产过程有些不同,但生产对象仍是动植物的有机体,因此也归入第一产业。另外,随着海洋生产力的发展和科学技术的进步,一些过去与人类劳动无关的海洋动植物和微生物,将逐渐与人类劳动相联系或被人类控制、为人类所用,从而不断补充海洋第一产业的内涵。

海洋第一产业如陆地农业一样,是自然再生产过程与经济再生产过程的交织,具有与其他产业相区别的具体特点:海洋水体和海洋环境是动植物生长发育的母体,直接参与并影响产品生产过程,影响产品的数量和质量;生产在广阔的空间和自然力作用下进行,自然因素影响大,作业分散、流动性强,具有一定的地域性和产出的不稳定性;生产过程不间断,生产周期长,生产时间与劳动时间不一致,既有连续性,又有一定的季节性;提供产品一般是初级产品,且体积大,具有特有的生物学特性,易腐烂变质,不易储存和远距离运输,对生产、加工、储藏、运输和销售都具有较强的技术要求;产品具有鲜活消费特性,商品率高,生产、交换等经营方式灵活,对工、商、服务业的依赖性强,如水产品的鲜活性和易腐性。

2.作用

海洋第一产业的作用可以归纳为以下四点:第一,充分利用海洋资源,可以节约粮食和耕地。在我国耕地面积不足的情况下,开发利用既不与粮食争地,又不与畜牧争草的辽阔水域,利用不宜耕种的盐碱低洼地带发展水产养殖,对全国国土资源开发有重要的战略意义。在沿海不同类型的区域,根据条件,发展渔农结合、渔牧结合、渔盐结合的经济模式,可以使整个沿海生态复合系统更加合理、高效。第二,提供优质动物蛋白,能够改善膳食结构,增进人民健康。第三,为化工、医药等工业提供原料。渔业是国民经济的基础产业,除直接提供生活消费品外,还能同时支援部分工业。如海带和其他褐藻,能提炼出大量褐藻胶。另外,据研究显示,海洋中有500多种海洋生物可提取抗癌物质,还有一些海洋脊椎动物对高血压、心脏病、神经错乱以及一些病毒性疾病有特效。第四,是稳定市场的重要因素。渔业作为大农业中的重要产业,在增加农产品有效供给、增加农民收入、安置农村劳动力就业、改善国民的消费营养结构、出口创汇等方面做出了突出贡献。

二、海洋第二产业

1.内涵和特征

海洋第二产业是指对海洋初级产品进行再加工的部门,包括海洋油气业、海洋矿业、海洋化工业、海洋生物医药业、海洋电力和海水利用业、海洋船舶工业、海洋工程建筑业等,主要涉及对海洋资源进行开采、加工和利用,以满足人类对海洋资源的需求,并促进海洋经济的发展。

近年来,海洋第二产业内部结构发生了较大变化,各产业总体呈快速增长趋势。海洋电力业、海洋油气业、海洋船舶工业、海洋工程建筑业四大主要海洋产业保持稳步增长态势。海洋第二产业在海洋经济产业结构中占的比重呈现上升态势。集中了三次产业结构主要的劳动力密集型和资金、技术密集型行业,如海洋油气业、海洋化工业、海洋生物医药业、海洋电力和海水利用业、海洋船舶工业、海洋工程建筑业等都属于典型的劳动力密集型和资金、技术密集型产业。

2.作用

(1)具有极强的产业关联效应。海洋第二产业为物质生产过程的产前和产后创造条件。产业关联是指国民经济各部门在社会再生产过程中所形成的直接和间接的相互依存、相互制约的技术经济联系。产业关联有两种基本形式:一是通过供给与其他产业部门发生的关联;二是通过需求与其他产业部门发生的关联。

(2)就业方面的作用日益明显。随着科学技术水平和劳动生产率的提高,第一产业原有的劳动力必然会相对过剩,劳动力必然有一大部分向第二产业转移。同时,第二产业大多数属于劳动密集型产业,在解决劳动力就业问题时发挥了积极重要的作用。

(3)不断丰富和改善人们的生活。随着人民收入水平和生活水平的提高,对海洋第一产业的产品需求比重会相对下降,而对第二、三产业产品需求会相对上升。海洋第二产业的发展,满足人们进一步的消费需求,增加社会财富,给人们生活带来方便。

三、海洋第三产业

1.内涵和特征

海洋第三产业是为海洋开发的生产、流通和生活提供社会化服务的部门。我国的海洋第三产业主要包括流通和服务两大部分。海洋流通部门主要指海洋交通运输业、邮电通信业、物资供销和仓储业等。海洋服务业涵盖面较广,包括滨海旅游业、海洋信息咨询服务业、海洋环保、海事、保险业、科学研究、海洋教育、海洋文化与各类技术服务业等。在我国,涉海机关、社会团体、第三部门、海军等不计入海洋第三产业产值和海洋生产总值中。由此可见,海洋第三产业基本属于服务性产业。对于海洋第三产业中的海洋运输业将在本章第四节做重点介绍。

2.作用

(1)积极发展海洋第三产业,可以有力地推进海洋第一、二产业的发展,从而推进我国工业化和现代化的进程。第三产业的发展不仅可以促进我国海洋产业向科技化、科学化、可持续与和谐化转化,而且还可以促进我国国民整体素质的提高,加快整体经济现代化的进程。

(2)我国的就业压力主要来自两个方面:一是科学技术的发展、生产社会化程度和专业化水平的提高,以及劳动生产率的提高,使海洋第一、二产业中的劳动力相对过剩,需要另谋出路。二是每年自然成长起来的劳动力,也需要安排就业。而海洋第三产业在劳动力就业方面却独具优势,海洋第三产业具有行业多、范围广、就业容量大的特点,可以用较少的资金安排较多的劳动力就业。

（3）目前,我国人民的生活已基本达到小康水平。小康水平一方面表现在居民收入达到一定标准,另一方面表现在社会化服务水平和居民生活质量的提高。具体表现在:家务劳动逐步趋于社会化;沿海农村消费需求逐步趋于城市化;人们在吃喝方面向方便化、营养化转变,用的方面向电器化、高档化转变;人们的需求从单纯物质方面向精神方面转化。这些发展趋势要求不断开发消费领域,尤其是增加高层次的劳务消费,如文化教育、消遣娱乐、游览观光、医疗保健等。加快发展海洋第三产业,能更好地适应人们以上的需求。

第三节 ◉ 海洋“第零产业”和“第四产业”

海洋“第零产业”“第四产业”是对三次产业分类法向前、向后的延伸。目前这些新兴产业还不成熟,但已经显示出强大的生命力,值得特别关注。

一、海洋“第零产业”

1.海洋“第零产业”的内涵和发展的战略意义

海洋“第零产业”即海洋资源产业,是指从事海洋资源生产、再生产的物质生产部门。大体可以分为资源勘查业、资源养护业和资源再生业三类。其主要包括油气矿业资源的普查与勘探、滩涂土地改良、采种育林、育草、水产育苗、废水废气净化、资源增殖保护等。

海洋“第零产业”是在人类认识进步和社会发展对海洋资金要求的基础上,通过有意识的活动和自然力的作用,对海洋资源进行保护、恢复、再生、更新、增殖和积累,是从事海洋开发活动的前过程和先行产业,其位次排在一、二、三次产业之前,故称为“第零产业”。

资源消耗型产业在目前我国海洋经济中占比较大,资源衰竭已成为海洋经济持续健康发展的障碍。因此,发展海洋“第零产业”,将资金作为海洋经济乃至国民经济基础的基础,变资源单向消耗为消耗与建设相结合,对实现经济社会的可持续发展具有如下重大意义:

一是确立和发展我国海洋资源产业,是对海洋认识的深化,可以形成和强化全民族的海洋国土意识,增强资源环境保护意识和海洋国土观念。它有助于树立海洋资源价值观、资产观,改变“资源天赋”于人的传统观念和粗放开发模式,变“资源消耗—经济增长”模式为“资源生产—开发利用—产业成长、经济发展、社会进步”的可持续发展模式。

二是有助于进一步明确和搞活海洋资源产权,协调资源生产、交换、分配和消费关系,使原国家所有权范围内的一部分资源和物质成为经人们劳动改造后的生产资料,对确定多层次的海洋资源产权,从理论上、实践上将所有权与经营权分离,引入市场机制,探索资源有偿使用途径,为正确处理各主体利益关系奠定了基础,并可以利用产权的排他性构成资源滥用的屏障。

三是有助于加强海洋资源管理,提高分工协作与专业化、社会化水平,实现海洋生产布局合理化,优化海洋产业结构。资源要素条件是海洋生产力布局和产业选择、产业结构形成与演化的基本物质条件,发展海洋资源产业可以更充分地认识资源要素禀赋,并以此为基础按发挥优势的原则,进行合理的社会分工,制定合理的海洋产业发展战略、产业政策,促进海洋产业结构高级化。

2.海洋"第零产业"的发展

（1）资源再生业

资源再生业是从事资源再生产的生产活动。根据某些海洋资源可再生的特点,在人类有意识的活动和自然力的作用下,可使资源得到再生、更新、增殖和积累,缩短更新周期,再生产获得加速,为产业开发提供源源不断的资源产品。我国海洋资源再生业发展方向主要是渔业资源和海岸带滩涂资源建设。渔业资源建设方面:开展深入调查研究,掌握渔业资源的分布、数量、质量和生活适宜环境,以发现新的渔业资源和开辟新的渔业生产空间;加强对渔业病害、苗种、饵料的科学研究,搞好繁育场、产卵场、索饵场、人工养殖场（如人工鱼礁）、洄游通道、增养殖区建设,增殖放流,发展增殖业;建立和健全禁渔期、禁渔区、保护区和休渔制度,取缔非法作业方式。海岸带滩涂资源建设方面:做好沿岸滩涂资源的普查勘探工作,做出科学垦殖区划和开发规划,研究科学开发模式,做好滩涂资源的改良、恢复工作。

（2）资源养护业

资源养护是遵循人与自然、生态平衡原则,培植和保护可再生资源的再生力,保护非再生资源的开发条件,将资源开发强度控制在可再生资源的更新许可范围和非再生资源合理消耗范围内。重点是:在资源环境条件的保护方面,抓好污染的治理,制定合理可行的倾废管理办法,给海洋资源创造一个良好的再生环境;改变滩涂的演化条件和港口利用条件,以防止退化。在资源开发上,合理规划港口、滩涂资源开发,调整渔业结构和生产布局,严禁非法作业;改变非再生资源利用途径,集约开发、资源替代、有偿使用,以综合开发促保护。在资源保护区建设方面,对已确立的保护区加强建设与管理,各沿海地区还应根据资源现状、存在价值、受损受威胁情况,建立地区性自然保护区（如河口、港湾生态渔业区,幼鱼、幼虾保护区）和特种、稀有资源保护区,以保存生物物种和可耗竭资源品种多样性。

（3）资源勘查业

资源勘查指自然资源的普查、详查、勘测、勘探,发现新资源。资源勘查业是非再生资源特别是不可回收的非再生资源的重要来源,技术进步是影响其发展的重要因素。资源勘查业的主要工作有:开展技术研究并利用技术成果,积极勘探寻找新资源;加强开采管理,根据需求程度、开发、加工处理能力、加工技术确定合理开采量;采用先进的开采、加工技术,提高资源品位和利用率;积极寻找可替代资源,加强对废弃物、副产物利用技术研究,提高利用率。

发展海洋"第零产业",还应做好以下几方面工作:一是针对海洋产业的高新技术密集特点,抓住突出问题,组织产业技术研究,组织科技力量开展技术研究与开发,联合科技攻关,以新技术改造传统产业,改变资源生产、利用模式。二是针对海洋资源产业开拓性、群众性强的特点,要做好试验、示范工作,以便总结、改进和科学推广。三是根据不同使用需求和区域功能,制定资源产业发展政策和发展规划,协调资源产业的建设与布局。四是在国家宏观调控下,结合现代企业制度改革,建立资源性资产营运的市场机制。政府有关部门为之提供资产评估和实物、价值核算指导;完善资源价格体系,做好资源资产研究和账户核算基础工作;探索建立海洋资源企业,逐步发育资源市场,让国家和企业真正成为资源的卖方和买方,国家在保持所有权的前提下,取得地租或资源底价。五是做好资源产业的研究、试验和进入性工作。在国家宏观调控下,随国家资源价格体系、核算体系的逐步完善,逐步扩大资掘有偿使用范围,建立资源产业发展基金。六是围绕产权区分，健全协调配套的管理系统。按照"政企分开，两权分离"的原则，在中央和地方两级，监管、营运、经营三个层次上对资源产权进行界定，明确产业行为主体，形成各利益主体间的互相制约、互相促进关系。

二、海洋"第四产业"

1.海洋"第四产业"的内涵和发展的战略意义

海洋"第四产业"，是以开发、利用信息来寻找生产力发展的关键点，并组合相应的生产关系，从而促进生产力发展的智力产业。它是在现代通信技术、网络技术、信息技术及其相关产业的兴起与发展推动的第三次科技革命和产业革命的基础上逐步形成的，以高智力、软投入和高产出为特色。它包括：信息的传播和社会心理沟通的部门，如大众传播媒介、邮电通信、经纪人组织、科技市场、社会团体等；智力开发、信息咨询和公关策划的部门，如信息咨询公司、人员培训、人才交流、公关公司等；提高公民科学文化素质服务的部门，如教育、科研、卫生、体育等实行经营的部分。

发展海洋"第四产业"具有迫切的现实意义和深远的历史意义：

一是有利于促进产业结构的优化升级。人类历史的三次产业革命表明，产业革命必然伴随着科技革命，每次产业革命都以科技革命为先导。随着电子计算机的改进和广泛运用，现代通信技术和网络技术的发展，必然带来生产、收集、处理、存储、传递和运用信息技术的形成及相关产业的兴起和发展，并带动产业结构由"资源密集型""劳动密集型"和"资金密集型"向"智力、知识、技术密集型"转化，这是经济发展和社会进化的必然。

二是有利于改善和提高人的素质，促进"人力资源"的积累。1979年诺贝尔经济学奖获得者、美国经济学家西奥多·舒尔茨在研究传统农业落后的真正原因时，提出"全面生产要素"的概念。构成生产要素的，不仅包括土地、物质生产资料等物质形式资本，还包括所有的人力及人所具有的知识。现代管理理论也强调人力资源的开发和管理。未来经济竞争，是人力资源综合素质的竞争。传统制造业不景气，工人失业是一种劳动者的素质不能适应产业结构变化的"结构性失业"。加快发展海洋"第四产业"，可以提高产业竞争力。在就业方面，既可以提供更多的就业机会，也可以提高人们的就业能力。

三是有利于加强我国经济技术竞争实力，改善贸易条件，适应新形势。尽管我国近年来对外贸易一直处于顺差的有利地位，外汇储备增加。但主要是出口原料和初级产品、低附加值农产品，与技术出口国相比，成本较高，经济效益较低。在中国加入世界贸易组织之后，我们逐步履行承诺，降低贸易壁垒，有效的方法就是加速发展海洋"第四产业"，利用信息发展高技术，创造高附加值的产品，从而提高我国的综合国力及产业国际竞争力。

四是协调生产关系，开拓生产力发展的新路子。在现代生产中，信息是重要的甚至是决定性的资源。海洋"第四产业"提供的信息，把深层的文化心态、流通领域和生产过程有机地结合在一起，形成一种整体的生产力，有效地发挥人的智力、体力、管理能力和物力，加快生产和消费运行节奏，让生产力在有限的时间和空间发挥最佳效益。

五是适应时代特点，满足人类生活需要。现代商品不仅融入了知识、技术，还更多地融入了人们文化心理需要的娱乐。海洋"第四产业"就是通过网络，沟通人们的消费心理与生产各个领域的无形渠道，在具体的商品形态上给予人们以物质和精神的享受。

2.海洋"第四产业"的发展

21世纪海洋技术特别是高新技术发展,将沿着人类深入认识海洋和大力开发利用海洋道路并进。海洋技术的发展也将有力地促进海洋"第四产业"的发展。在海洋经济领域,海洋"第四产业"初见端倪的是海洋电子信息业。

目前国际海洋电子信息业在海洋遥感、水声技术、海洋电子仪器等方面的发展突飞猛进,有力地推动了传统海洋产业的技术改造和新兴海洋产业的形成和发展。尤其20世纪70年代以来,随着电子计算机、自动化仪表、激光、水声、遥感和卫星通信技术的重大突破及其在海洋上的成功应用,形成了新兴的海洋电子信息业。国际上有共享性的海洋信息产品有全球定位系统和全球海上遇险与安全系统。目前全世界涉及海洋电子信息技术开发研制的公司将近千家,年平均销售额估计在100亿美元左右,其中美国约占50%,其高投入促使其海洋电子信息业得到了很大发展,无论是海洋电子仪器设备的品种、性能、配套及自动化方面,还是从研制到生产的能力方面,都处于世界领先水平。

我国海洋电子信息业与国际水平相比,无论是在技术成果还是在产业化方面,都存在明显差距。尤其是在产业化方面,规模较小,未形成市场优势,不能有效地发挥科技成果的作用。海洋电子信息业发展,必须加大资金投入,当前应在海洋环境监测及海洋灾害的预警、预报、海洋污染预测、海洋遥感和海洋信息系统等领域进行重点研究。在海洋环境监测及海洋灾害预报方面:提高和完善各海洋台站自动化水平,实现监测资料联网;提高各类测量平台的测量仪器自动化、智能化水平;发展海洋遥感技术;建设海洋环境监测、预报中心,海洋灾害检测和预报中心。在海洋污染检测方面:开发现场综合自动水质监测系统,加速现场污染传感器的研制;发展小型污染检测浮标,利用遥感技术,重点放在海岸带环境监测上,特别是石油污染和工业废弃物污染的监测。在海洋信息系统方面:建设沿海省海洋信息系统,与海洋环境监测系统和海洋灾害预报系统衔接、同步,同时与国家海洋信息中心联网;大力发展海洋电子信息产业,向高科技产业化迈进,促进海洋产业结构优化调整。

第四节 ● 海洋运输业及运输经济

海洋运输业是使用船舶或其他水运工具,通过海上航道运送货物和旅客而形成的一种海洋产业,属于海洋第三产业。其包括沿海运输和远洋运输两类以及港口装卸存储、船舶物质供应、航道疏浚、海上救捞、灯塔航标管理等,具有广延性、国际性和连续性的特点。从海洋运输的经济性分析,具有运量大、成本低、效益综合的特点,是集经济、政治、军事、文化效益于一体,微观与宏观、远期与近期、外部与内部、直接效益与间接效益的统一。一些研究将海洋运输业中的相关经济活动独立出来,称为海洋运输经济。

一、海洋运输与经济发展

海洋运输又称"国际海洋货物运输",是国际物流中最主要的运输方式。它是指使用船舶通过海上航道在不同国家和地区的港口之间运送货物的一种方式,在国际货物运输中使用最为广泛。目前,国际贸易总运量中的2/3以上、中国进出口货运总量的约90%都是利用海上运输。

海洋运输是支撑国际贸易得以快速发展的主要交通方式,世界贸易总运量中80%以上的货物都是由海洋运输完成的。统计显示,世界海运贸易总量从1990年的40.1亿t增加到2000年的59.8亿t,到2008年达到82亿t。经济危机使世界海运贸易总量有所减少,2009年世界海运贸易总量为78.4亿t。海洋运输使规模庞大的石油、铁矿石、煤炭、谷物等大宗货物以及集装箱货物的国际贸易成为可能。到2010年年初,世界商船船队规模已达12.76亿载重吨,其中油船4.50亿载重吨,散货船4.57亿载重吨,集装箱船1.69亿载重吨、箱位1 495.2万标准箱。目前,全世界规模较大的海港有2 000多个。海洋运输也是我国对外货物贸易运输的主要方式,我国外贸货物运输总量的90%以上要通过海运完成。2010年,我国外贸进出口总额近3万亿美元,全国港口外贸货物吞吐量达25.01亿t,规模以上港口接卸进口原油2.26亿t,接卸进口煤炭及制品1.68亿t,接卸进口铁矿石6.78亿t,港口集装箱吞吐量1.46亿标准箱,占世界的23.4%。2023年,我国港口外贸货物吞吐量达169.73亿t,其中接卸进口原油、煤炭等能源产品11.58亿t,接卸铁、铝等14.58亿t,港口集装箱吞吐量3.1亿标准箱。截至2022年年末,我国拥有海洋船舶总载重吨2.98亿,占世界商船船队的15.9%(不包括我国港台地区),截至2023年8月,中国成为世界上第一大船舶拥有国。

根据交通运输部的数据,2020年我国海运船队控制运力规模为3.1亿载重吨,相较于2015年的1.6亿t增长了近94%。从世界范围看,我国海运船队控制运力规模已经从2015年的全球第三位上升至全球第二位,强大的海运运力规模是我国继续发展国际贸易的重要支撑。2019—2020年,中国海运进出口量从32.3亿t增长至34.6亿t,年均复合增长率达到6.7%。在全球疫情暴发、国际贸易次序较为混乱的环境下,我国成为全球贸易的主要参与者,海运行业在其中起到了至关重要的作用。随着我国世界工厂的地位进一步体现,对外贸易持续发展,我国的海运航线和服务网络逐渐遍布全球,并在服务量级上实现了突破。2020年我国海运完成的货物进出口量为34.6亿t,相较于2019年增长了6.7%,占全球海运货物进出口量的30%,2019年为27.1%,2018年仅为25%。仅用3年时间,我国海运货物进出口量便提升了5%。

二、国际运输体系

近几十年来,世界的运输业者发展了能将货物快速、廉价运输到世界每个角落的运输体系。这个运输体系包括公路运输、铁路运输、轮船运输和航空运输等。这个运输体系可以分成3个区域,即地区间运输、近海运输和内陆运输。

1.地区间运输

对于大多数洲际运输的货物,海运是唯一经济的运输方式。在亚洲、欧洲和北美洲主要的工业国之间,海洋运输非常繁忙,大概有20 000艘轮船提供低廉的散装货物运输到快速的定期班轮运输。高附加值货物通过飞机来运输始于20世纪60年代。航空运输与海运在一些高附加值的货物运输中展开竞争,如机械产品、高级服装、鲜活产品及汽车零部件等。

2.近海运输

近海运输是指将远洋运输运送到区域性交通中心(如中国香港、荷兰鹿特丹等)的货物再进行配送的过程,常常与铁路运输进行激烈竞争。近海运输是与远洋运输非常不同的业态。近海运输的船只通常比远洋运输的要小,通常为400~6 000载重吨。当然,这也不是绝对的要求。近海运输船只设计的重点是运送货物的灵活性。

近海运输的货物包括粮食、肥料、煤炭、木材、钢铁、黏土、集装箱、汽车,也包括旅客等。因为运输路程较短,近海运输的船在一年之中到达码头的次数比远洋运输船更多。在近海运输中需要更高的组织能力。近海运输需要有精确的轮船知识,需要灵活地安排轮船从而高效经济地满足客户的需求。良好的部署、使压载舱物最少化、避免周末和假期,以及准确把握市场对近海运输至关重要。

近海运输与政治关系紧密相连。最明显的例子是,各国往往只授权本国的船队经营近海运输。这种体制在美国和几个欧洲国家运行了多年。

3.内陆运输

内陆运输包括广泛的公路、铁路和水路网络。这个网络与港口和特殊的终端相连接。

三、海洋运输的需求

海洋运输最主要的任务是将货物在全球范围内移动。虽然这是理解海洋运输需求的正确的出发点,但从经济学的意义来说,这个定义有些狭窄。从消费者的观点看,海洋运输是一种服务。海洋运输公司在全球范围内搬运货物就如餐馆提供食物,海洋运输也为消费者提供各种服务。

1.海洋运输服务所取决的因素

海洋运输服务所取决的因素主要包括:价格、速度、可靠性和安全性。

运输成本总是处于非常重要的地位,而且运输成本占总成本的比例越高,发货人越关注运输成本。例如,在20世纪50年代,从中东运送一桶原油到欧洲,其运输成本占原油 CIF 价格的49%。结果,石油公司想尽一切办法降低运输成本。到了20世纪90年代,由于石油价格上涨以及运输技术的提高,运输成本只占到 CIF 价格的2.5%,运输成本就显得没有那么重要了。

运输中耗费的时间会产生存货成本,高附加值商品的发货人需要速度。高附加值商品库存所产生的成本比小批量快速运输所产生的高运输成本可能要高。价值100 000美元的货物在3个月的运输行程中,如果年利息率为10%,则其存货成本就是2 500美元。如果行程时间可以缩短一半,则发货人运费可以增加1 250美元。商业上的原因也需要速度。例如,一个欧洲的制造商从远东地区订购了一批零件,他更愿意付更高的运费用空运3天时间到货,而不愿意为了节省运费通过海运3个月到货而使其机器五六个星期都无法工作。

许多企业为了降低库存成本,追求零库存管理,此时运输的可靠性就显得异常重要。部分发货人宁愿支付较高的运费来要求运输能够准时。运输过程中可能发生的损坏或丢失是可以保险的,但是,即使有保险赔付,也会给发货人带来很多困难。因此,发货人更愿意接受安全可靠的运输服务。

2.海运贸易浅析

分析海运贸易必须从世界贸易的视角进行。同一个产业的商品要作为一组来进行研究,才能分析其中的关系。例如,原油与石油制品之间是有转化关系的,如果原油在精炼之后运输,就是运输石油制品,如汽油、柴油,而不是原油。同样,如果一个出口铁矿石的国家新建一座钢铁厂,则该国就会改出口铁矿石为钢制品,运量就会大大减少。海运产品70%与能源和金属业有关,所以海运业高度依赖这两个行业的发展。

四、港口在海洋运输中的作用

1.海港的功能和发展阶段

港口是连接海洋和陆地的纽带。港口历来在一国的经济发展中扮演着重要的角色。运输将全世界连成一片,而港口是运输中的重要环节。港口的功能可归纳为四个方面:

（1）物流服务功能

港口首先应该为货物、集装箱提供中转、装卸和仓储等综合物流服务,尤其是提高多式联运和流通加工的物流服务。

（2）信息服务功能

现代港口不仅应该为用户提供市场决策的信息及其咨询,而且还要建成电子数据交换（EDI）系统的增值服务网络,为客户提供订单管理、供应链控制等物流服务。

（3）商业功能

港口的存在既是商品交流和内外贸存在的前提,又促进了它们的发展。现代港口应该为用户提供方便的运输、商贸和金融服务,如代理、保险、融资、货代、船代和通关等。

（4）产业功能

建立现代物流需要具有整合生产力要素功能的平台,港口作为国内市场与国际市场的接轨点,已经实现从传统货流到人流、商流、资金流、技术流、信息流等的全面大流通,是货物、资金、技术、人才、信息的集散地。

海港的发展阶段如图 4-1 所示。

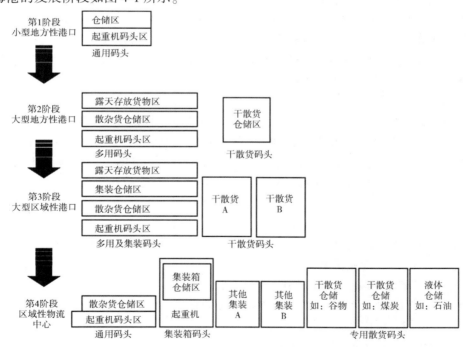

图 4-1 海港的发展阶段

资料来源:Martin Stopford. Maritime Economics,Routledge,1997.

2.我国主要海港

（1）上海港

上海港控江襟海,地处长三角水网地带,水路交通十分发达。目前,上海市内河港区共有3 250个泊位,最大靠泊能力为2 000吨级。上海港2005年的货物吞吐量达4.43亿t,完成的集装箱吞吐量达到1 809万标准箱,比上年增长24.2%,稳居世界第三位。2022年,上海港集装箱吞吐量突破4 730万标准箱,已连续13年位居全球第一。

（2）宁波舟山港

宁波舟山港是一个集内河港、河口港和海港于一体的多功能、综合性的现代化深水大港,由镇海、北仑、大榭、穿山、梅山、金塘、衢山、六横、岑港、洋山等19个港区组成,现有生产泊位620多座,其中万吨级以上泊位约200座,5万吨级以上大型、特大型深水泊位达到115座。2022年,宁波舟山港货物吞吐量完成12.6亿t,同比增长3%,连续14年位居全球港口第一;完成集装箱吞吐量3 335万标准箱,同比增长7.3%,连续5年居全球港口第三。

（3）天津港

天津港地处渤海湾西端,是我国华北、西北和京津地区的重要水路交通枢纽。拥有各类泊位140余座,其中公共泊位76座,万吨级以上泊位55座。2005年,天津港实现吞吐量2.41亿t,天津港实现集装箱吞吐量2 102万标准箱,位居全国第六。2022年,天津港完成货物吞吐量4.71亿t,集装箱吞吐量超2 100万标准箱。

（4）青岛港

青岛港始建于1892年,位于中国沿海的环渤海湾港口群、长江三角洲港口群和日韩港口群的中心地带,为常年不淤不冻的深水良港,主要从事集装箱、原油、铁矿石、煤炭、粮食等各类进出口货物的装卸、储存、中转、分拨等物流服务和国际客运服务。2017年货物吞吐量突破5.1亿t,其中,集装箱吞吐量突破1 831万标准箱。2022年山东港口青岛港完成货物吞吐量6.58亿t,集装箱吞吐量2 567万标准箱,均位居全国第四位。

（5）大连港

大连港位居西北太平洋的中枢,是正在兴起的东北亚经济圈的中心,是该区域进入太平洋面向世界的海上门户。港口港阔水深,不淤不冻。自然条件非常优越,是转运远东、南亚、北美、欧洲货物最便捷的港口。2022年,大连港实现集装箱吞吐量446万标准箱,位居全国第十三位;货物吞吐量30 613万t,位居全国第十四位。

思考题

1.举例说明我国海洋传统产业、海洋新兴产业和海洋服务业都包括哪些产业。

2.为什么要推进海洋产业转型升级?

3.海洋第一、二产业和第三产业分别具有什么特征?

4.海洋"第零产业"和"第四产业"的基本特点分别是什么?

5.在海洋经济的发展中,海洋运输起到了什么作用?

6.海港为什么在海洋运输中具有重要地位?

第五章

海洋区域经济

任何经济活动都离不开特定空间。经济活动和特定空间的结合,产生了区域经济。海洋区域经济是在一定的海洋地理单元的空间基础上形成的海洋经济体系。海洋区域经济根据不同的空间范围可划分为海岸带区域经济、海岛区域经济、河口三角洲区域经济、国家管辖海域经济以及公海和国际海底区域经济等。就我国的情况来看,海岸带区域经济和河口三角洲区域经济已比较发达,海岛区域经济已具雏形,而国家管辖海域经济、公海和国际海底区域经济则尚在形成之中。

第一节 ⬤ 海岸带区域经济

一、海岸带的概念

海岸带是海洋与陆地的交替过渡地带。它包括三个部分:一是沿着海岸线的陆地,二是潮水出没的滩地,三是陆地向海面以下延伸的部分。海岸带的上界是划在海浪作用可达到的地方,下界是定在海水深度(H)相当于当地经常作用的波浪长度(L)的 1/3 或 1/2 的地方,即 $H=1/3\sim1/2L$ 处。

在具体划分海岸带的范围时,不同国家、地区甚至部门所采用的依据和标准差异较大。通常有自然地理、经济地理、行政区划、距离、地理单元等标准。例如,美国联邦法律规定,向海至 3 n mile 为海岸带的范围,而向岸的边界由各州自定;英国的一些沿海城市,把海岸带向陆一侧的范围定为 300 m,而海军多从登陆艇登陆水深算起;危地马拉海岸带范围向陆一侧的距离是从高潮线算起延伸 3 000 m,向海延伸至 200 m 等深线。我国海岸带的陆域自海岸线向陆延伸 10 km 左右,有的省、市、自治区还可适当延伸;海域向海扩展 10~15 m 等深线;河口地区向陆至潮界区,向海至淡水舌锋缘。

尽管海岸带的划分有诸多不同,但从区域经济研究的角度看,对海岸带划分向陆一侧应主要以行政边界为标准,向海一侧应以人类现有的技术条件下海水养殖所能达到的区域为界。显然,向海一侧的边界是一个动态的概念,它将随着海洋科学技术的发展而扩大。当前,海水养殖水深达 30 多米。

我国在 1979—1986 年进行了全国海岸带和海涂资源综合调查。这次调查划入海岸带范围的约有 197 个县、区,面积 27.7 万 km²,加上 0~15 m 水深,海域面积 12.38 万 km²,我国海岸带总面积 40 余万 km^2。

二、海岸带的自然与环境特点

1.地理位置优越

我国大陆海岸带总长达 1.8 万 km,面积约 35 万 km^2,因其背向广阔的内陆腹地,面向浩瀚的太平洋,在中国经济和社会发展中,具有其他国土区域所没有的区位优势。当今世界经济、技术、贸易中心正在从大西洋向太平洋转移,环太平洋地区正在成为世界经济增长速度最快的地区。中国海岸带区域正处于这一最有利的地理位置,既是海洋开发的前沿基地和生产基地,又是海洋开发的后勤保障基地,在海洋开发利用过程中具有独特的功能和作用。

2.海陆资源密集

海岸带作为地球上四大自然圈层——岩石圈、水汽圈、大气圈、生物圈的会聚交接带,生态上具有复合性,蕴藏着比任何其他区域都更为丰富的自然资源,诸如生物资源、化石资源、其他矿物资源、海洋能源、空间资源、土地资源、海水资源等,不仅资源种类多,储量也极为丰富。例如,海岸带咸水与淡水汇合的水环境特性,是鱼虾水生物大量繁殖、发育生长与洄游的场所,形成了高生产力和生物多样化的生态系统。自古以来,海岸带的食物链——藻→虫→贝→虾→蟹→鱼→禽……就是人类食物的巨大宝库。

3.生态环境脆弱

这主要有三方面原因:一是海洋处于生物区最低部,"条条江河通大海",人为过程和自然过程产生的废弃物绝大部分要随着河流归于大海,而且海洋污染总负载的一半集中在占海洋面积 1% 的沿岸地区,因此海岸带是最容易受到污染的区域;二是海岸带作为海陆过渡与相互作用的地带,具有多样性和海陆相互剧烈作用的自然地理地貌特征,是自然灾害最严重的区域,不仅受陆上各种自然灾害的影响,而且受海洋自然灾害的影响;三是海岸带地区作为人口密集、人类社会经济活动频繁的地区,由人类各种不合理的开发因素诱发和加剧了各种灾害与生态问题,如海水入侵、海岸侵蚀、土地盐碱化、海洋生物资源衰退等,越来越严重。上述因素相互影响、相互叠加,使海岸带地区生态系统脆弱,极易受到破坏。

三、我国海岸带区域经济特点

中国海岸带区域独特的自然环境、特有的开发历史、现阶段改革开放政策相互叠加和相互作用的结果,使得中国海岸带区域经济与非海岸带区域经济相比较具有以下特点:

1.海陆产业荟萃

海岸带是海陆两个地理单元的结合部,因此,集中了海陆两类产业。既是钢铁、电力、化工等占地大、耗水多、运量大、排废物多的陆地产业的理想场所,又是港口、船舶修造、水产品加工、海水养殖、海盐及盐化工等海洋产业的必然落座空间。同时,海岸带区域又是海洋捕捞、海上油田开发、海洋运输及公海和国际海底资源开发的前沿基地。另外,海岸带区域独特的地理位置,对农业、一般工业、商业、服务业等也有巨大的吸引力。

2.经济开放度高

经济开放度高包括对外、对内两个方面。在对外开放方面,我国海岸带区域具有交通优势和政策优势,直接与国际市场联系,成为中国对外联系的重要进出口门户和窗口。在对内开放方面,海岸带区域具有背靠大陆,对内辐射力强的优势,一方面把引进、消化、吸收的国外先进科学技术和管理方法向内地转移,以推动内地的技术进步和管理水平的提高;另一方面充分利用内地的资源和劳动力来发展海岸带区域经济,通过各种"内联"方式带动内地经济的发展。

3.总体水平高但局部不平衡

从总体水平看,海岸带区域已经成为我国经济发展水平最高、经济实力最强的地区。这表现在两个方面:其一,海岸带区域的经济密度和人均产值较高;其二,海岸带区域的城市化程度高。但是,占全部区域10%左右的大城市经济发展水平较高,其余90%左右属于"发达地带中的不发达地带"。

4.经济结构独特

海岸带区域经济结构具有以下特点:三次产业结构水平高,表现在第二、三产业所占比重较高,第一产业所占比重较低;在第一产业(农、牧、渔)内部,渔业所占比重较高,种植业、畜牧业所占比重较低;在第二产业(工业)内部,轻工业所占比重较高,重工业所占比重较低。

四、我国海岸带区域经济建设重点

1.岸段的合理利用

多年来各行各业争相涌向沿海,抢占条件优越的岸段,使这一宝贵资源没有得到合理利用。为了发挥海岸带在整个国民经济中的基本功能,要精心设计岸段的利用。首先,要有总体开发规划,按主导利用与资源优势一致性的原则和生产力均衡布局原则,进行岸段功能划分,包括留置各种自然保护区、风景旅游区和其他敏感性区域。其次,对于产权不清的地段,要尽早"发证确权"。最后,要根据规划,进行重大临海工程项目选址的论证和审批。

2.外向型经济的发展

要根据各地的特殊条件,有计划、有步骤地组织对外经济活动,防止内耗和自相伤害。着重创造一个吸引外商外资,按国际惯例开展对外交往的社会经济环境,在政策上要有一定的灵活性,包括设置保税区、出口加工区、自由港、自由岛等。

3.海岸防护和环境保护

海岸线在海洋波浪、潮汐和各种人工作用下处在不断地变动中。要采取护岸工程等刚性措施和保持海水动力平衡、培植护岸生物等柔性措施,保护那些与人类经济活动和日常生活紧密关联的重要海岸,避免引发海洋灾害,一旦灾害发生,能减轻其危害程度。任何可能改变海洋动力条件的围垦和其他工程项目,必须严格进行可行性论证,任何开发活动都不得损害防岸堤坝及具有保护海岸稳定功用的崖壁、贝壳堤、沙滩、红树林和珊瑚礁。永久性建筑设施,除为发挥其全部功用必须临接海水者外,应从岸线后退一定的距离。海岸带是经济最密集的地带,最容易造成环境污染,要把经济建设与环境保护结合起来。

五、海湾经济

在海岸带区域中,有许多大大小小的海湾分布在海岸线上,这是一个有特殊经济意义的区域类型,应专门研究。

海湾是伸入陆地的海或洋的部分水域,通常三面为陆一面为海,海湾大小不一,有的海湾甚至比一般的海还大,如加拿大的哈得孙湾;有些海湾实质上是海,如印度洋的孟加拉湾、大西洋的墨西哥湾。由于海湾本身特定的地形条件,湾内波能辐散,风流较弱,易于泥沙堆积。海湾内独特的水文性质主要是潮差大,如北美洲的芬迪湾潮差达21 m,是世界上潮差最大的地方。海湾地处陆地边缘,环境相对稳定,受灾害性气候破坏的概率较低且营养物质不易流失和易于管理,因而一向是传统的海洋功能开发区。许多海湾也是对外经济与文化交流的重要场所与基地。海湾又是海洋资源的复合区,是多功能特性明显的海域。人类在进行各种海洋开发中,海湾逐渐成为综合的经济区域。

但是海湾内外的水交换率较低,更新周期更长,且各类不同海湾的主要功能也不相同。因而,如果在没有充分认识其功能与资源、环境特性之前,仅考虑短期效益,不考虑整个海湾水域的总承受力,各个部门、行业自行开发,往往会造成许多矛盾,甚至会出现效益互相抵消的情况。一旦生态环境与资源受到破坏,不仅主观期望的效益无法获得保证,还将在治理上付出很大的代价。

第二节 ● 海岛区域经济

一、海岛的概念

海岛是指面积较小、四周环水、散布在海洋里的陆地。如果这块陆地过大,则不叫"岛",而叫"大陆";如果这块陆地过小,也不叫"岛",而叫"礁"。对于岛与陆的划定,人们以格陵兰岛的面积(270 万 km^2)为界限,面积大于格陵兰岛的陆地称为大陆,面积等于或小于格陵兰岛的,就称为海岛,所以格陵兰岛成了世界第一大岛。对于岛和礁的划分,一般以 500 m^2 为界,即小于 500 m^2 的海中陆地就叫"礁"。

我国岛屿众多。据统计,中国海岛总面积约占我国陆地国土总面积的 0.8%,沿海面积在 500 m^2 以上的岛屿有 7 300 多个。我国最大的五个海岛依次是台湾岛、海南岛、崇明岛、舟山岛、东海岛。群岛如长山、庙岛、嵊泗、舟山、澎湖、钓鱼、万山、东沙、西沙、中沙和南沙群岛等。长山群岛位于辽东半岛东侧的黄海北部海域,由 200 多个大小岛屿组成;庙岛群岛位于渤海海峡的中南部,由 32 个大小岛屿组成;舟山群岛位于长江口以南,杭州湾以东海域,由 1 258 个大小岛屿组成;万山群岛位于珠江口外,包括 100 多个岛屿;东沙群岛位于南海东北部,主要由东沙岛、南卫滩、北卫滩等岛、礁和滩组成;西沙群岛位于南海西部,由 30 多个岛、礁和滩组成;中沙群岛位于南海中部,由隐伏在水面下的珊瑚礁和滩组成;南沙群岛位于南海的南部,共有大小岛、礁和滩 230 余个。在这些岛屿中,面积在 200 km^2 以上的岛有台湾岛、海南岛、崇明岛、舟山岛、东海岛、海坛岛、长兴岛和东山岛。

二、中国海岛的类型与分布特征

1.海岛的类型

我国海岛不仅数量多、分布广,而且种类繁多,几乎包括了世界海岛分类的所有类型。按物质组成划分,海岛可分为基岩岛、冲积砂岛、珊瑚岛。基岩岛指固结的沉积岩、变质岩和火山岩组成的岛;冲积砂岛指由砂、粉砂和黏土等碎屑物质经过长期的堆积和凝固而露出海面形成的岛;珊瑚岛由珊瑚虫的骨髓及其他贝壳堆积而成,它的基底往往是火山或岩石。我国海岛中,基岩岛数量最多,其次是珊瑚岛,再次是冲积砂岛。

按成因划分,海岛可分为大陆岛、海洋岛和冲积岛。大陆岛指地质构造上与大陆有密切联系的岛,在历史上曾与大陆连在一起,由于地壳下沉或海面上升,才与大陆分离而成的岛。大陆岛多分布于大陆边缘,其基础多固定在大陆架或大陆坡上,且地质、地貌和其他自然条件与大陆相似。如台湾岛、海南岛、长山岛等。海洋岛又称大洋岛,指发育过程与大陆无直接联系的、在海洋中单独生成的岛,分布地区一般离大陆较远。海洋岛按其成因,又可进一步分为火山岛和珊瑚岛。火山岛由海底火山喷发的岩浆物质堆积而成。我国火山岛数量较少,主要有赤尾屿、黄尾屿、钓鱼岛等;珊瑚岛主要分布在中国南海,东沙群岛、西沙群岛、南沙群岛基本上为珊瑚岛。冲积岛主要由河流夹带泥沙在河口地区沉积形成,如崇明岛是长江所携带泥沙在河口上沉积而成。

2.我国海岛的分布特征

(1)分布范围广

我国海岛在地理位置上南北横跨 38 个纬度,东西纵横 15 个经度,分布范围较广。这使得我国海岛及其周围海域具有丰富、多样的海岛资源。

(2)总体分布不均

不管是从省、市、自治区行政区划看,还是从海区、地区看,海岛的分布都不均匀。从省、市、自治区看,浙江省海岛数量最多,占我国海岛总数的 37%,其后依次是福建、广东、广西、山东、辽宁、海南、河北、江苏、上海,天津则只有一个海岛。从海区看,东海岛屿数量最多,占我国海岛总数的 59%,南海次之,占 30%,黄渤海最少,仅占 11%。从地区来看,长江口以北海岛占我国海岛总数的 10.2%,而长江口以南海岛占 89.8%。

(3)成局部岛群或成群岛分布

除了南海诸岛远离大陆外,在局部海域,大多数海岛或环绕大陆成群分布,或成群岛分布,如山东的庙岛群岛,浙江的舟山群岛,广东的南澳岛群、台山岛群,南海的中沙群岛、东沙群岛等。在这些群岛和岛群中,一般都有一个或几个面积较大的核心岛,并且已经进行了初步开发和利用。这些核心岛的基础设施比较完善,经济发展水平也比较高,形成向周围辐射之势。我国海岛的这种岛群或群岛分布,极有利于对海岛进行"据点式"区域开发,即通过核心海岛的开发,带动周围海岛的开发,进而在群岛或岛群内形成相互依存、共同发展的海岛经济区。

三、海岛的地位与作用

海岛与其他国土资源相比较,具有独特的地位与作用。

1.海岛与维护国家海洋权益关系重大

海岛对沿岸国的重要性,已不限于海岛自身的经济、军事价值,已直接关系到沿岸国管辖水域范围的划分、海洋法律制度和海洋权益的确立。200 n mile 专属经济区域制度确立之后,海岛身价大增。在开阔的海域中,如果丧失一个具备人类居住的小岛,就会丧失 43 万 km^2 的管辖海域以及渔业、矿产等资源。加大海岛开发的力度,大力发展海洋经济,是维护我国海洋权益的重要途径之一。

2.海岛是保卫祖国安全的天然屏障

我国海岸线漫长,海域辽阔;岛屿星罗棋布,构成大陆的天然屏障。

3.海岛是资源宝库,具有较高的经济价值

我国海岛拥有海洋资源的种类、数量极为丰富。开阔的海洋空间和"渔、港、景"资源,是海岛最具有优势的资源。渔业资源是海岛最重要的资源。海岛港口资源的优势主要表现在区位条件优越、岸线资源丰富和分布集中。海岛旅游资源优势主要体现在景观资源、群岛旅游和旅游区位条件上。全国适合发展旅游业的海岛有230多个。其中有省级以上的风景名胜和自然保护区50余处。

4.海岛是开发海洋的第二基地和"支点"

人类开发、利用海洋的过程,是一个由海岸向近海,由近海向远海及大洋推进的过程。在这一过程中,海岛不仅将成为海洋开发的重要基地,同时也将成为我们走向远海和远洋的桥梁。如果把海岸带作为我国开发、利用海洋的第一个基地和"支点"的话,那么海岛将成为我国开发、利用海洋的第二个基地和"支点"。

四、海岛区域经济的特点

1.海岛资源优势突出,劣势明显

资源优势主要体现在"渔、港、景"上,这在前面已论及。海岛的劣势主要有淡水资源和常规能源非常短缺以及基础设施落后,海岛分散在海中,规模较小,基础设施难以达到规模经济水平,因而交通、邮电通信等设施都不足。由于海岛陆地狭小,河流源短流急,土质薄、蓄水能力差,加上降水季节分布不均,造成海岛普遍缺水。据全国海岛资源综合调查,我国有淡水资源分布的海岛490个,仅占海岛总数的7%多一点。即使有淡水的海岛,其水资源也极为有限,开发成本往往比大陆高6~7倍。海岛电力和燃料等常规能源的供应也不足。据全国海岛资源综合调查,海岛人均能耗为0.2 t标准煤,仅为全国人均水平的1/3。淡水、能源和基础设施的缺乏,严重制约了海岛经济的发展。

2.产业单调,渔业比例大

海岛经济是以海洋资源开发为基础发展起来的资源型经济。由于受自然、资源、经济、技术等条件的限制,在长期的历史发展过程中:除少数条件较好的大岛外,绝大多数海岛是以渔业为主,辅以少量种植业,第二、三产业落后。

3.独立性差,天然外向

海岛大多数面积较小,人口不多,本身市场容量有限。海岛经济发展,一方面要靠从岛外输入大量的资源、人才及技术,另一方面海岛生产的产品又需要销往岛外,通过岛外市场纳入社会经济再循环之中。单独依靠海岛的力量难以发展。所以,海岛经济有天然的外向性,经济发展程度越高,其外向性和对外依赖性也越高。

4.地区差异大,岛间不平衡

海岛经济的地区差距主要表现在两个方面:一是在省、市、区间分布差异大。其经济总量主要集中在浙江、山东、辽宁、上海、广东,其余省市相对较少。二是同类海岛之间(如县级海岛)差异大。海岛间经济发展的不平衡表现在三个方面:一是主要集中于有居民的海岛;二是主要集中于大海岛;三是主要集中于近陆岛。

五、我国海岛区域经济建设的重点

1.大力调整产业结构

海岛产业单一,社会分工不发达,反映着海岛经济的落后性。振兴海岛区域经济,必须通过规划、引导、扶持,对现有经济结构进行改善,寻找海岛经济新的生长点。一是在海岛主要产业的渔业内部,劳动力要从单纯的捕捞业向增养殖业转移。二是劳动力从第一产业向第二、三产业转移。三是劳动力要从传统海洋产业向新兴海洋产业转移,如建立海洋能源、海洋化工、海洋旅游等产业。

2.积极实施"联结战略"

进一步加大海岛开发的力度:一要转变观念,增强开放意识,从单纯国防前线观念变为开放前沿观念,变岛与岛分割为岛与岛、岛与陆相连的观念,变单一海岛国土为海洋国土观念。二要积极推进海岛外向型经济的发展,积极进行开辟自由经济岛的尝试,建设国际娱乐城、国际航运转港、海洋高新技术园区和高新科技产业化示范工程。三要依靠科技进步,实施科教兴岛。四要建立"海洋第二经济带"开发管理机构,强化组织协调工作。

3.加强海岛基础设施建设

海岛社会与大陆社会的差距,很大程度表现在交通、文教等基础设施上。要为海岛经济发展创造一个良好的发展环境,必须把基础设施的规划、设计、建造、维护、合理使用,作为海岛经济的重要内容。海岛基础设施建设成本高、费用大,发展建设应逐步进行,一边开发经济,一边改善环境设施。另外,也要注意防止"小而全",不能每个岛上都搞活经济一整套,要区分远陆岛和近陆岛、中心岛和卫星岛,分工协作,各有侧重。

第三节 ◉ 河口三角洲区域经济

一、河口三角洲的概念和形成

河口三角洲是由河海两类水体交汇的独特的海洋区域。河口是河流与海洋交汇的地方,大河从西向东流入大海,在入海处泥沙堆积成三角洲。它们地势平坦、河渠纵横、土地肥沃。河口三角洲兼容大河文明和海洋文明的优势,因此世界上绝大多数河口三角洲地区都是社会经济、文化发达地区。在当今世界上,河口三角洲面积仅占全球土地面积的 3.5%,却集中了世界上 2/3 的大城市,养育着世界上 80% 的人口。

三角洲由河流在河口堆集而成,河流流入海洋时,由于坡度变缓,河道分汊,输沙能力降低,以及盐淡水交换中的絮凝作用,河流带出的泥沙在河口地区堆积,形成三角洲。在地壳长期下沉、河流输沙量巨大、堆积作用旺盛的河口,可形成巨大的三角洲。具体来说,三角洲形成的一般过程是:河流进入河口区时,底流在河底冲刷出洼坑,并把冲刷下来的泥沙堆积在洼坑前面造成浅滩。浅滩增大露出水面便成为江心洲与河口小岛。浅滩或河口小岛形成后,使河道水流分隔成两个水道。另外,河口外泥沙被海浪推送,于河口处堆积成河口沙坝,河口沙坝被洪水冲开时,也会造成下泄的河流水道分汊,结果,使整个河口区水系呈三角形向海散开。河流的干道在河口水网中经常改道变动,或东或西沿着不同汊道流动,使得河道网更加复杂。随着河水的流动,泥沙堆积在各河道中,浅而小的汊道被泥沙淤平,水流就改道了,泥沙也就开始在另一汊道中堆积。当夏、秋季洪水泛滥时,沿着河道两岸堆成"天然沙堤",而越过沙堤的洪水,又把洪水中的粉沙淤泥带到距河道较远的低地中停积下来,造成河道之间的粉沙淤泥质平原。上述这些情况反复进行,就形成了密如蛛网的低地平原——三角洲平原。

二、河口三角洲的分类

三角洲的形态取决于河流流量与波浪能量大小的对比关系,三角洲可分为下列几个主要类型:

1.鸟足状三角洲

鸟足状三角洲河口均为弱潮河口,河流作用占绝对优势。河流分成若干分流入海,各分流河口泥沙沿河流两旁以天然堤形式迅速堆积,均形成较长的堆积体,与海岸垂直地向海伸出,称为指状沙坝。岸线十分曲折,呈锯齿状,伸出体之间为凹入海湾,是泥沼泽的烂泥湾,整个三角洲外形如鸟足,称鸟足状三角洲。我国的黄河三角洲属于这种类型。

2.尖嘴状三角洲

尖嘴状三角洲以一个明显的尖嘴向海凸出,由一个河道及两旁的河口沙嘴所组成。河口沙嘴向海凸出,河口沙嘴两侧海岸较平直,但稍稍向陆地弯进。这类三角洲形成在开阔的海岸带,河流作用在河口地区虽仍占优势,但海洋作用亦较强。所有泥沙入海后被风浪冲刷携带向外扩散,虽然还有剩余,但不足以形成向海伸出的水下堆积体,仅沿河口水流两侧流速减缓处形成河口沙嘴,而泥沙被波浪推送,沿着海岸自河口向两侧略为弯进运移,尖嘴状三角洲两侧沿岸多发育有较大的沙嘴或沿岸沙堤。我国的长江三角洲属这种类型,南汇嘴与启东嘴长江口南北两个突出,构成尖嘴。

3.弧形三角洲

弧形三角洲是在河流与海洋动力强度大体相等的条件下形成的。虽有河流堆积所形成的向海凸出的弧形堆积体,但岸线则已被波浪冲刷改造变化,成为圆滑、有规则的形状,沿海有连续的沙堤和堡岛,海岸基本上为沙堤或堡岛所封闭。我国的滦河三角洲和韩江三角洲属于这种类型。

4.平直状三角洲

平直状三角洲是在波浪力完全胜过河流作用的情况下形成的,平直状三角洲海岸形态完全由海洋作用塑造,岸线平直。平直状三角洲平原主要由沙堤、沙丘等组成,是一个广阔的波浪堆积的沙堤平原,海岸物质以沙为主,由于河流力量微弱,沿岸流常极明显地迫使河口偏向。北非的塞内加尔河口三角洲属于这种类型。

5.港湾充填三角洲

港湾充填三角洲有两类:一类是在潮流特别强的区域,三角洲形态主要受潮流控制,可称潮流三角洲。其特点是,一些分流河口多呈喇叭口形状,落潮流带出的泥沙在口门外的海底上堆积,成为与落潮流大致平行的长条形沙坝,即潮流沙坝,如湄公河三角洲。另一类径流及潮流作用均强,在优势的河流与潮流共同作用下在湾顶堆积的三角洲,如我国的珠江三角洲。

三、河口生态系统

河口生态系统是河流生态系统和海洋生态系统之间的生态交错带,通常可分为三部分:与开放的海洋自由连接的海或河口下部,咸淡水混合条件下的河口中部,河流冲刷形成的以淡水为特征仍受潮汐影响的河口上部。河口生态系统是融淡水生态系统、海水生态系统、咸淡水生态系统、潮滩湿地生态系统、河口岛屿和沙洲湿地生态系统为一体的复杂系统。

作为地球四大圈层交汇点,河口是能流和物流的重要聚散地带。人类对河口的开发与利用已有悠久的历史,现在的河口地区仍是世界上人类经济活动最频繁、人口最稠密的地带之一。随着社会的发展,人类对河口的要求越来越多,随着科学技术的发展,人类对河口海岸作用的强度也越来越大。河口自然环境遭到人类高强度活动的干扰,河口地区的可持续发展受到严重破坏。在河口地区,如何使人类和自然之间取得和谐,资源和环境取得互利,已成为人们越来越关注的问题。

我国入海河口众多,据初步统计,河长在 100 km 以上的入海河口有 60 多个,而且蕴藏着丰富的自然资源。每年河流携带泥沙达 20 亿 t,占全世界入海泥沙的 10%。在河口地区及其两侧的海岸淤积,使大陆不断地向海扩展,每年淤积的土地面积达 270~330 km²。我国河口海岸地区可建大、中型泊位的港址 160 余处,万吨级以上的泊位达 40 处,10 万吨级以上的泊位有 10 处。另外还有海水资源、水产资源、矿产资源、海洋能源资源、生物资源以及旅游资源等。

目前我国对河口地区的利用方式主要有:围垦滩涂开发,港口与航道运输,防潮与御盐蓄淡,水产养殖和潮汐与波浪能利用等。

我国河口管理模式陈旧,缺乏统一规划,综合利用能力差。在目前河口自然环境和生态系统的影响和破坏日趋严重的情况下,我们应该建立河口管理的新模式,编制河口开发利用的综合规划。在河口开发利用中,要做到因地制宜、扬长避短、发挥优势,进行合理开发,并发展多种经营和综合利用。

四、河口三角洲区域经济的特点

1.资源优势突出

河口不但是陆、海两大地理单元的过渡区,而且是盐、淡两大水体的交汇处。这种地理要素的边缘性和叠加性,决定了河口海岸资源的多样性和丰富性。首先,一般海洋区域十分匮乏的淡水,在这里却相对丰沛。大河流至三角洲平原,往往形成网状河系和大小湖泊,为居民生活和种植业、淡水渔业、耗水工业提供了水源保证。其次,全球日益紧缺的土地空间资源,在这里较为宽松,并在继续生长扩展态中。最后,由于水体盐、淡混合,营养物丰富,河口成为海洋鱼虾索饵、繁衍、栖息、洄游的理想场所,被称为渔业的"摇篮",其他水生鸟禽、哺乳动物和苇、藻等也种类繁多。某些河口三角洲还蕴藏着丰富的油气资源。资源的特殊优势,使河口三角洲成为一国经济的膏腴之地,从美国的密西西比河三角洲、罗马尼亚的多瑙河三角洲、意大利的波河三角洲,到我国的长江三角洲、珠江三角洲、辽河三角洲等,都被称为"黄金三角"。

2.港口状况对其经济发展具有决定意义

三角洲经济之所以发达,除了资源优势外,另一重要原因是交通便利,特别是水运发达。水运有运费低、运量大的优点。江海相连水道,向内深入大陆腹地,向外远达各海洋国家,使三角洲成为大型客货集散地和加工、贸易中心。在水道枢纽的港口所在地,往往形成大中城市,以港口城市为中心,又进一步带动三角洲经济的繁荣。如果三角洲缺乏港口枢纽,江海相通的交通优势便不存在,三角洲就可能开发不足,经济落后。我国发达的长江三角洲、珠江三角洲和落后的黄河三角洲形成鲜明反差,原因是多方面的,但港口的状况是一个决定性因素,从一定意义上说,港口是三角洲的生命所系。

3.生态系统敏感脆弱

河口是江海生态系统的过渡区,自身又是一个相对独立的生态系统。河流是一个定向流动的水体,它在川流不息地运动中纳入大海。海水经过蒸发冷却降落到大地,又汇成江河继续流动。水生动植物和河海岸边生物就在这个自然循环中完成着自己的生命周期。如果因污染、大型工程和其他人类活动的积累影响破坏了这种循环中的基本环节,整个生态就会失去平衡。在实际生活中,因排污损害河口渔业资源,因围垦、堤坝、河流上游水利工程影响河口水文动力条件,引发各种自然灾害,使"水利"变"水害"的事屡见不鲜。

五、我国河口三角洲区域经济发展的重点

1.渔业资源的保护和土地资源的利用

在河口索饵、繁育,是海洋鱼虾生活史中的重要阶段,保护河口渔业资源,不仅直接关系到本区水产事业,而且影响着以河口为摇篮的我国整个渔业的兴衰。河口区域经济开发中,必须注意防止水质污染,对鱼虾产卵地进行保护,禁止捕杀幼苗和临产亲体,采取投礁、增饵、放流等增殖措施。三角洲平原土地辽阔,自然比降小且有网状沟汊分布,经过土壤改良工程,可发展为滨海农牧水产基地。土地还可作为各种产业的建筑空间。三角洲区域经济发展中,要注意制定全面国土规划,有计划、有步骤地利用这一宝贵土地资源,防止自发地、盲目地占用而造成永久性损失。

2.港口建设和河海联动

河口三角洲最大的区位优势是河海相接,从而兼有内河运输和海洋运输的双重优点,腹地深广,航程辽远,再与其他运输方式——铁路、公路、管道、航空配合成套,便可形成全功能的运输体系。现在各种运输方式分属不同部门和地方管辖,但既然都在河口地区汇集,通过河口区域经济管理,就可以把这些运输力量组织协调起来,大大减少彼此的脱节和矛盾,各方面都有收益。在相互连接的水道上,港口是其主要枢纽和关节点。

3.生态系统的保持

河口生态系统敏感脆弱。必须组织好河口海岸生态系统和自然复合系统的科学研究,摸清河口演变规律,在此基础上,采取综合保护、改良措施,防止和治理污染,禁止可能改变关键地质单元、引起生态恶化的项目。对已经产生不良影响的项目采取补救措施,通过水道疏通、堤坝工程、束水攻沙措施,减少江河尾闾摆动,稳定入海流路,保证行洪排涝,防止灾害。

第四节 ● 国家管辖海域经济

一、国家管辖海域范围

这里所称"国家管辖海域",指的是包括我国领海、毗连区、专属经济区和大陆架的广大海域。领海是沿海国家的海岸和内水,受国家主权支配和管辖下的海域。毗连区是毗连领海并由沿海国家对若干事项行使必要管制的海域。专属经济区是领海以外并邻接领海的海域。大陆架在地理学上是指邻接陆地、坡度比较平缓的浅海部分;在法律上则包括陆架、陆坡和陆基的海床和底土。上述区域的重度均从沿岸低潮线量起。根据《联合国海洋法公约》和《中华人民共和国专属经济区和大陆架法》,我国可以主张从测算领海宽度的基线量起 200 n mile 宽的专属经济区和构成我国陆地领土全部自然延伸的大陆架,面积近 300 万 km²,其中近海大陆架

面积超过 100 万 km²。这对人口密集、人均资源量少的我国来说,既提供了发展的资源基础,也提供了"第二生存空间"。

二、国家管辖海域经济布局

国家管辖海域这一广袤的国土,赋存着丰富的自然资源,具有包括海洋特殊功能在内的多种功能。其经济布局大体分为:渤海、黄海、东海、南海、我国台湾以东海域。

渤海是我国的内海。渤海东西宽约 347 km,东北—西南长约 556 km,面积约 77 284 km²,平均水深 18 m。渤海要作为"两岛一湾渔业综合开发区"主体,重点发展海洋农牧化,加速海上石油、天然气勘探和开发。要坚持并扩大对虾放流,开展蟹、海蜇、土著鱼类放流,扩大贝类底播面积,建设海珍品等增殖试验区;开发西部、辽东湾和滩海油气;开辟辽东、山东两半岛运输通道和环海运输。

黄海东西宽约 300 n mile,南北长约 470 n mile,面积约 38 km²,平均水深 44 m,周边地区是中国的辽宁、山东、江苏三省,以及朝鲜和韩国的西海岸。要控制近海捕捞强度,扩大外海中上层鱼类资源开发;建设长岛、长海、海州湾海洋牧场,开展大马哈鱼放流增殖;开展南部含油气沉积盆地勘探和北部含油气构造的地质调查;加强连云港国际海运枢纽港建设和航道建设,加强青岛等大港的近海和远洋运输体系。

东海是一个宽大的大陆架海区,其大陆架和大陆坡面积 55 万 km²。东海是我国近海主要捕捞渔业基地,有我国大陆架的最大海盆。要注意水产资源恢复、增殖和合理捕捞,开发外海新渔场和鳀鱼、拟沙丁鱼等中上层新品种;加大利用开发油气的力度,建设温州后勤基地;以上海港为中心,建设我国最大的国际海运体系,加强福州、厦门等港口建设,为海峡两岸通航做好准备。

南海东西宽约 900 n mile,南北长约 1 600 n mile,面积约 350 km²,平均水深 1 212 m,是我国最大最深的海。南海集中了我国海洋油气资源的大部分,热带水产资源优势突出。要保护底层鱼类资源。开辟南沙等"四沙"新渔场,发展深水捕捞技术,开辟大陆架斜坡深水渔区,并加强北部增殖区建设;继续加强莺琼、珠江口、北部湾等盆地油气勘采,将莺琼盆地地区建成大型气田,在三亚建设生产和后勤基地,开发南沙油气资源;建设沿海港口和航道,形成华中、华南、大西南出海通道。

三、国家管辖海域自然资源开发

1.专属经济区生物资源开发

我国专属经济区和大陆架横跨 37 个纬度,3 个气候带,因而形成了复杂的渔业区系,热带、亚热带、暖温带各种成分兼有。黄海、东海、南海大陆架宽阔,营养物质丰富,是多种生物生长、培育和繁殖的优越场所。在水深 200 m 以内的海域,80%的面积属于大陆架浅海,形成了资源丰富的渔场,这些渔场为我国提供了丰富的海洋捕捞渔获量。

2.大陆架油气资源开发

渤海是油气资源十分丰富的沉积盆地,其油气区由陆上辽河坳陷、黄骅坳陷、济阳坳陷的向海延伸部分与渤中坳陷所组成,其有效勘探面积为 5.1 km²。黄海大陆架可以分为北黄海和南黄海两部分。北黄海大陆架地处地壳长期隆起的区域内,区内发育小型分割性盆地,沉积厚度小于 1 000 m,故与我国近海其他海域相比较,其油气远景不佳;南黄海北部坳陷面积为

3.9万km²,中新生界沉积厚度超过4 000 m,具备生油条件;南黄海南部坳陷面积为21万km²,中新生界沉积厚度一般超过5 000 m,具有形成油气储藏的基本条件。东海大陆架宽广,有2/3的面积是我国大陆向海洋方面延伸的大陆架,最宽处约有400 n mile,就海底油气资源论,东海大陆架最有意义。南海大陆架占南海面积1/2以上,主要分布在南海海域北部、西北部和西南部,由西北向东南倾斜。南海中央是深海盆,所以南海诸群岛岛架狭窄。南海大陆架是我国近海油气资源最丰富的海区。探明石油资源量为149亿t,天然气为10亿m³(不含台西南、东沙南和西沙、中沙、南沙),分别占我国四个海区油、气资源总量的8.4%和72.2%。

第五节 ◉ 公海和国际海底区域经济

一、公海和国际海底的法律地位

1.公海的概念和法律地位

公海,是指各国内水、领海、专属经济区、大陆架和群岛水域以外不受任何国家主权管辖支配的海洋的所有部分。公海面积约2.3亿km²,约占全球海洋总面积的64%。

按照国际海洋法,公海属于国际社会共有,供所有国家平等地共同使用,但任何国家都不能将公海的任何部分据为己有,也不得对公海本身行使管辖权。公海自由被看作公海法律制度的基础。但这些自由,也并非可以不受限制,为所欲为。《联合国海洋法公约》在规定了公海的航行自由、飞行自由、铺设海底电缆和管道自由、建造人工岛屿和其他设施自由、捕鱼自由、科学研究自由的同时,规定这些自由只适用于水域,而不适用于海底。同时规定,所有国家在行使这些自由时,必须考虑和注意到其他国家行使公海自由时的利益。

2.国际海底的概念和法律地位

国际海底是指国家管辖范围以外的海床和洋底及其底土。国际海底区域包括两部分:被海水覆盖的大陆边(大陆架、大陆坡和大陆基)和大洋底。大洋底的海洋面积为27 837万km²,占全部海洋面积的77.1%。由于一些国家专属经济区和大陆架占据了一部分大洋底,故国际海底区域的面积要小于大洋底的面积。有学者统计,国际海底约占全部海洋面积的65%,深度为2 500~6 000 m。

1970年联合国大会制定的《关于各国管辖范围以外海床洋底及其底土的原则宣言》及1982年通过的《联合国海洋法公约》都规定国际海底使用"人类共同继承财产"的法律原则。根据这个原则,国际海底及其资源属于全人类,各国均可以按照一定的法律程序进行开发。

二、公海的开发利用

1.利用公海发展远洋运输

利用公海发展远洋运输,是国际社会利用公海的一个主要形式。《联合国海洋法公约》规定"每个国家,不论是沿海国或内陆国,均有权在公海上行驶悬挂其旗帜的船舶"。

我国远洋运输业的发展,起步于20世纪60年代。1961年建立了远洋运输公司后,开始发展自己的远洋运输船队。特别是自改革开放以来,随着沿海地区外向型经济和国家对外经济贸易关系的发展,远洋运输业也取得了巨大的成绩。到 1997 年年底,中国民用船舶已发展到 32 万艘,近 5 000 万载重吨,其中从事外贸运输的船队达 2 300 多万载重吨。至 2012 年年底,中国已经开辟 30 多条远洋航线,通达世界 150 多个国家和地区的 600 多个港口。2022 年国家重大水运基础设施建设步伐加快,水路固定资产投资同比增长 10.9%;运输保通保畅,成效持续巩固,水路货运量、港口货物吞吐量、港口集装箱吞吐量同比分别增长 3.8%、0.9%、4.7%,集装箱铁水联运量同比增长 16.0%。截至 2022 年年底,我国海运船队运力规模达 3.7 亿载重吨,较十年前增长一倍,船队规模跃居世界第二。

2.公海捕鱼

公海中有丰富的海洋生物资源,并且已经发现一些资源量很大的品种。联合国粮农组织(FAO)对世界海洋渔业资源年可捕量总体估计是经济鱼类为 1.04 亿 t,经济甲壳类为 230 万 t,头足类为 1 000 万至 1 亿 t,灯笼鱼类为 1 亿 t,南极磷虾为 1 亿 t 以上。2016 年世界海洋渔业捕捞中,百万吨级以上种类为阿拉斯加狭鳕、秘鲁鳀、鲣鱼、沙丁鱼、竹䇲鱼、大西洋鲱、太平洋白腹鲭、黄鳍金枪鱼、大西洋鳕鱼、日本鳀、鳀鱼、欧洲沙丁鱼、白带鱼、蓝鳕、鲭鱼,这 15 种类鱼捕获量约占世界海洋捕捞渔业产量的 34%。可见,公海中的渔业资源是十分丰富的。我国是一个拥有 14 亿人口的大国,在近海渔业资源衰退,部分渔业资源利用过度的情况下充分利用公海捕鱼自由发展远洋渔业,无疑具有重要的战略意义。中国的远洋渔业自 20 世纪 80 年代以来得到了较快的发展。我国本着严格遵守有关国际海洋法,并充分注意保护海洋生态,在平等互利的原则基础上,积极开展同有关国家和地区的渔业合作。到 2015 年,我国先后与亚洲、非洲、南美洲等许多国家建立了渔业合作关系,与 20 多个国家签署了渔业合作协定、协议,加入了 8 个政府间国际渔业组织,实现了我国远洋渔业在现有国际渔业管理格局下的顺利发展。至 2020 年年底,我国已形成渔业企业约 160 家、渔船数约 1 600 艘、年产量约 1.5×10^6 t 的公海渔业行业规模,约占我国远洋渔业总产量的 70%。作业区域分布于太平洋、印度洋、大西洋公海和南极海域等。公海渔业规模的扩大和加强,极大地推动了我国远洋渔业发展,为国民水产品来源渠道多样化和满足国民日益增长的水产品需求提供了坚实的保障。公海渔业的发展离不开科学调查船和渔业探捕项目的支撑,我国迄今已进行了多次渔业科学调查和渔业探捕科考活动,成功地开发了 14 个公海渔场。近些年,随着公海渔船国产化和自动化程度的提高,船载加工效率也逐步提升,捕捞效率和能力比以往提高 0.5~1 倍。由于公海渔业大多离我国港口十分遥远,渔获物运输、物资补给和信息交流等比较困难,很多公海渔场来回运输一次需要 30~100 天,渔业企业运维成本较高,因此加强我国公海渔业运输船的后勤补给网络建设和提升渔船信息化水平成为公海渔业亟须解决的任务之一。

3.开展公海考察和科学研究

公海考察与科学研究是开发利用公海资源,使公海造福人类的基本前提条件。自 20 世纪 70 年代起,我国政府组织进行了一些考察活动,并参与了全球性海洋科研活动。在公海考察方面,截至 2023 年 9 月,我国自然资源部已组织 13 次北冰洋科学考察。在全球性海洋科研方面,我国参加了全球性海洋污染研究与监测、热带海洋与全球大气研究、世界大洋环流试验、全球联合海洋通量研究、海岸带陆海相互作用研究、全球海洋生态动力学研究等,为推动全球海洋科学研究做出了贡献。1993—1995 年,中国参加了联合国关于养护和管理跨国界鱼类种群和高度洄游鱼类种群协定的制定工作。先后与俄罗斯、美国、日本等国就开发和保护白令海渔业资源问题进行了谈判,签署并核准了相关条约。为了保护公海渔业资源,中国参加了保护金枪鱼、鲸鱼,以及濒危物种的国际活动,加入了《养护大西洋金枪鱼国际公约》,并参加了促进公海上渔船遵守国际养护和管理措施的协定的制定工作。自 2020 年以来,我国连续两年在西南大西洋、东太平洋等公海重点渔场实行自主休渔措施,取得了良好的生态、经济和社会效益。在全球性海洋研究方面,我国着力推进海洋科技的发展,例如,北极海冰—海洋动力遥感协同观测与航道保障应用、首套深海矿产混输智能装备系统"长远号"海试成功、在海洋极端环境微生物独特生命特征及环境生态效应机制等多项核心技术方面开展研究,为国际社会贡献了中国方案并参与全球海洋治理,为公海资源的持续利用做出了贡献。

三、国际海底资源开发利用

1.国际海底资源状况

国际海底区域有丰富的矿藏资源。据科学家估计,仅大洋底锰结核,总储量约为 3 万亿 t,有的资料估计有 7 万亿 t。其中,太平洋锰结核还在不停地生长,每年新生长的锰、镍、铜、钴等金属矿藏均超过世界的年消耗量。大洋底的锰结核矿被认为几乎是取之不尽、用之不竭的矿产资源。海底稀土资源量是陆地的 800 倍,据估算 1 km² 的海底稀土是全球稀土年需求总量的 1/5。

国际海底除了锰结核外,还有其他金属矿藏,如海底热液矿和钴壳。这两种矿产发现得比锰结核晚,但由于其含有贵重金属以及其他原因,现在越来越引起各国的重视。

2.国际海底资源的开发现状及展望

国际海底虽然具有丰富的矿藏资源,但由于这些矿藏一般都在 5 000 m 左右深的洋底,要大规模开采提炼是非常困难的。美国、法国、日本、德国等国的公司,自 20 世纪 70 年代以来就开始进行锰结核开采试验。目前,美国、日本、德国都建立了日处理 50 t 锰结核的工厂。目前国际社会对海底金属矿产资源还处于在深海底面表层矿产的开发阶段,空气升举系统、水力升举系统和机械升举系统均经过海底现场试验,可以在深度 3 000~5 000 m 的海底大量采掘多金属结核,但是开采方式比较落后,主要是挖掘海底松软岩体。要实现海底采矿的商业化和产业化,需要智能化采集设备、多相流提升设备和技术深海开采水下设备留放、回收技术等系统性深海高科技的支持。此外,国际海底区域还蕴藏着大量的油气资源。就石油储备而言,大约是 1 350 亿 t;而天然气储量也较大,达到 14 亿 m³,分别是陆地可采储量的 51% 和 42%。在过去的 30 年间,海洋石油资源需求量占全球石油产量的 1/4。最新研究表明,被称为"21 世纪绿色燃料"的天然气水合物(俗称"可燃冰"),在海洋中的储藏量占全球储藏量的 98%。

作为国家重点发展战略的扩展对象,国际海底区域对于未来的海洋开发具有重要的价值意义。虽然我国在这方面的工作起步较晚,但是我国政府和有关部门能够克服困难,奋起直追。中国参加了国际海底管理局,以及国际海底管理局的建立工作,并当选为国际海底管理局首届 B 类理事国。同时,中国政府把大洋矿产资源开发列为国家长远发展项目给予专项投资,成立了负责协调、管理中国在国际海底区域进行勘探开发活动的专门机构。并从 1985 年起,由国家海洋局、原地质矿产部等部委开展大洋多金属结核的调查与勘探,至 1998 年年底已先后进行了 8 个航次的调查与勘探,勘探评价出具有商业开发价值的达到 30 万 km² 的深海矿区。1991 年 3 月,经联合国批准,我国获得位于东北太平洋国际海底区域 15 万 km² 的多金属结核资源开辟区,成为继印度、俄国、法国、日本之后的联合国第五个"国际海底先驱投资者"。到 2001 年,我国已按《联合国海洋法公约》的要求,有选择地放弃了 50% 的矿区面积,圈定 7.5

万 km² 的金属结核矿区,作为我国 21 世纪的商业开采区。大洋多金属结核的开发利用具有投资高、风险大、周期长的特点,是一项战略性、综合性、开拓性的系统工程。2011 年 11 月,中国大洋矿产资源研究开发协会与国际海底管理局在北京签订了国际海底多金属硫化物矿区勘探合同,这是我国获得的第二块具有专属勘探权和商业开采优先权的国际海底合同矿区。合同矿区位于西南印度洋洋脊,面积 1.0 万 km²,限定在长度 990 km、宽度 290 km 的长方形范围内,其中的多金属硫化物由海底热液作用形成,富含铜、铅、锌、金和银等金属,具有巨大的潜在经济价值和良好的开发前景。2014 年 4 月,中国大洋矿产资源研究开发协会与国际海底管理局签订国际海底富钴结壳矿区勘探合同,勘探合同为期 15 年,合同区位于西北太平洋海山区,面积 3 000 km²,限定在长度 550 km、宽度 550 km 的正方形范围内。中国成为世界上首个拥有三种主要国际海底矿产资源专属勘探矿区的国家。近十年来,我国在国际海底区域的资源勘探和研究工作取得跨越式发展。中国五矿集团有限公司、北京先驱高技术开发公司先后在国际海底区域再获两块多金属结核勘探矿区,我国矿区数量达到 5 个,矿区面积达 23.5 万 km²。中国目前是世界上在国际海底区域拥有矿区数量最多、矿种最全的国家。同时,中国大洋矿产资源研究开发协会利用航次调查发现,推动了中国在国际海底地理实体命名工作,建立了以《诗经》为依托的命名体系。截至 2020 年年底,已发现并命名的地理实体达 243 个,其中 97 个名称通过国际海底地理实体命名分委会审议,在国际海底地图上写下中国的名字。

四、极地资源开发

地球的南北两极,是全球变化的驱动器、全球气候变化的冷源,也是人类居住的地球与外星联系的重要窗口。尤其是南极,是地球上至今未被开发、未被污染的洁净大陆,那里蕴藏着无数的科学之谜和信息,在全球变化,特别是全球气候变化研究中,南极起着不可替代的关键作用。20 世纪,已有 50 多个国家在南极建立了 100 多个科学考察站。

国际方面,俄罗斯大力推进北极地区经济开发,于 2020 年发布针对北极投资者的一揽子优惠措施,2020 年 10 月,全球最大的破冰船"北极"号正式入役,并开始在北方航道水域进行引航作业。美国着力推动阿拉斯加州北极油气开发并取得重要进展,一是北极国家野生动物保护区油气开发迈入正轨,二是阿拉斯加国家石油储备区(部分位于北极)的油气开发取得重要进展。北欧和加拿大积极推进北极基础设施建设和资源开发。在基础设施建设领域,芬兰和俄罗斯合资负责的跨北极海底电缆项目已经启动。在资源开发领域,经济长期依赖石油的挪威大力推进石油开发。韩国 2017 年提出"新北方政策",落实措施为"九桥战略":在天然气、铁路、港湾、电力、北极航线、造船、就业、农业、水产九大领域与俄罗斯开展多重合作,以推进北极航道开发建设为重点,多角度、全方位参与远东—北极事务,计划从 2027 年起主导推进有关北极点及北冰洋的国际共同研究项目,到 2025 年研制出用于观测北极海冰融化情况的微型卫星,与北极圈 8 国携手推进合作项目。

我国在南极天文观测、深冰芯钻探、南极冰盖、冰下覆盖的甘布尔采夫山脉、南极陨石等方面的科学研究均取得重要进展。"十二五"期间,在冰岛第二大城市阿克雷里市,中国、冰岛两国新建的极光联合观测台,不仅填补了我国极地考察夜侧极光观测的空白,也填补了北半球"极光卵"冰岛地区长期连续观测的空白,为国际空间物理研究和全球空间天气监测做出重要贡献。中国对极地冷海钻井技术进行进一步研究,北极油气资源丰富,但其低温、浅层灾害、冻土层、井筒处于大温变条件等地质、环境因素给钻井作业带来诸多挑战,为此,在"十三五"期间,中国石化以钻井安全环保高效为总目标,以解决钻井装备及工具、钻井工艺及措施、井筒工作流体的"冷"适应性问题为核心,进行了钻井灾害风险评价控制与环保、钻井关键装备及工具、钻井工艺与井筒工作液等关键技术研究,在浅层气、天然气水合物灾害地层的定量风险评价方法、-50 ℃低温轨道钻机及钻井工具、冻土层井壁稳定性评价与控制技术、低温钻井液与固井水泥浆等工程技术方面取得了重要进展,初步形成了极地冷海钻井关键技术体系。

第六节 ◉ 我国沿海地区的海洋经济

根据《中国海洋经济发展报告2021》,我国海洋经济按照区域划分为北部海洋经济圈、东部海洋经济圈和南部海洋经济圈。北部海洋经济圈指由辽东半岛、渤海湾和山东半岛沿岸地区所组成的经济区域,主要包括辽宁省、河北省、天津市和山东省的海域与陆域。东部海洋经济圈指由长江三角洲的沿岸地区所组成的经济区域,主要包括江苏省、上海市和浙江省的海域与陆域。南部海洋经济圈指由福建、珠江口及其两翼、北部湾、海南岛沿岸地区所组成的经济区域,主要包括福建省、广东省、广西壮族自治区和海南省的海域与陆域。2020年沿海地区海洋经济主要指标见表5-1。

表 5-1   2020年沿海地区海洋经济主要指标

沿海地区	海洋生产总值/亿元	海洋生产总值占地区生产总值比重/%
辽宁	3 125	12.4
河北	2 309	6.4
天津	4 766	33.8
山东	13 187	18.0
江苏	7 828	7.6
上海	9 707	25.1
浙江	8 163	12.6
福建	10 495	23.9
广东	17 245	15.6
广西	1 651	7.4
海南	1 536	27.8

一、北部海洋经济圈

2020年,北部海洋经济圈海洋生产总值23 387亿元,比2019年名义下降5.6%,占全国海洋生产总值的比重为29.2%。

辽宁省,2020年海洋生产总值3 125亿元,比2019年名义下降8.7%,占地区生产总值的12.4%。海洋第一产业、海洋第二产业和海洋第三产业增加值占海洋生产总值的比重分别为

11.2%、28.1% 和 60.8%。滨海旅游人数锐减、营收骤降,滨海旅游业增加值比上年名义下降27.9%。海洋交通运输客运量、旅客周转量、货运量、货物吞吐量、外贸吞吐量、集装箱吞吐量比上年大幅下降,海洋交通运输业增加值比上年名义下降 27.4%。但是海洋渔业、海洋电力业、海洋船舶工业和海洋工程建筑业仍然保持了正增长。

河北省,2020 年海洋生产总值为 2 309 亿元,比 2019 年名义下降12.9%。其中,海洋油气业、海洋盐业和滨海旅游业发展受到严重影响,增加值分别比上一年名义下降 67.6%、14.5% 和28.6%;海洋船舶工业和海洋工程建筑业也受到一定影响,增加值分别比上一年名义下降3.3% 和 2.6%;海洋化工业和海水利用业运营情况较为平稳,增加值与上年持平;海洋渔业、海洋电力业和海洋交通运输业发展态势良好,增加值分别比上年名义增长 2.7%、14.5% 和8.8%。

天津市,2020 年海洋生产总值 4 766 亿元,比 2019 年名义下降9.5%,海洋生产总值占全国海洋生产总值的 6.0%,占地区生产总值的 33.8%。海洋第一产业、海洋第二产业和海洋第三产业增加值占海洋生产总值的比重分别为 0.2%、55.3% 和44.5%。与上一年相比,海洋第一产业保持稳定,海洋第二产业比重有所增长,海洋第三产业比重有所下降。主要海洋产业中,海洋盐业、海洋化工业、海水利用业和滨海旅游业逐步恢复,其他海洋产业均实现正增长,展现了海洋经济发展的活力。其中,滨海旅游业、海洋油气业和海洋交通运输业作为全市海洋经济发展的支柱产业,其增加值占主要海洋产业增加值的比重分别为 41.4%、39.1% 和15.3%。

山东省,2020 年海洋生产总值为 13 187 亿元,比 2019 年名义下降1.9%,占地区生产总值的 18.0%。海洋第一产业、海洋第二产业和海洋第三产业增加值占海洋生产总值的比重分别为 5.3%、36.8% 和57.9%。

二、东部海洋经济圈

2020 年,东部海洋经济圈海洋生产总值25 698 亿元,比 2019 年名义下降2.4%,占全国海洋生产总值的比重为 32.1%。

江苏省,2020 年海洋生产总值达 7 828 亿元,比 2019 年增长 1.4%,占地区生产总值的7.6%。2020 年,海洋交通运输业、海洋船舶工业、滨海旅游业和海洋渔业四大产业增加值占全省主要海洋产业增加值的比重分别为 38.1%、24.3%、14.3% 和 11.3%。

上海市,2020 年海洋生产总值为 9 707 亿元,比 2019 年名义下降6.7%,占地区生产总值的25.1%。海洋第一产业、海洋第二产业和海洋第三产业增加值占海洋生产总值的比重分别为 0.1%、29.8% 和70.1%。基本形成"两核三带多点"的海洋产业布局。浦东新区、崇明长兴岛海洋经济试点示范建设成效明显。

浙江省,2020 年海洋生产总值为 8 163 亿元,占地区生产总值的 12.6%,海洋第一产业、海洋第二产业和海洋第三产业增加值占海洋生产总值的比重分别为 7.4%、29.2% 和63.5%。

三、南部海洋经济圈

2020 年,南部海洋经济圈海洋生产总值30 925 亿元,比 2019 年名义下降6.8%,占全国海洋生产总值的比重为 38.7%。

福建省,2020 年海洋生产总值10 495 亿元。海洋第一产业、海洋第二产业和海洋第三产业增加值占海洋生产总值的比重分别为 6.4%、31.7% 和61.8%,呈现海洋第一产业比重下降、海洋第三产业比重上升态势。

广东省,2020年海洋生产总值达17 245亿元,占地区生产总值的15.6%,占全国海洋生产总值的21.6%。海洋三次产业结构比为2.8∶26.0∶71.2,海洋现代服务业在海洋经济发展中的贡献持续增强。

广西壮族自治区,2020年海洋生产总值1 651亿元,比2019年名义增长2.4%,占地区生产总值的7.4%。其中,主要海洋产业增加值844亿元。海洋第一产业、海洋第二产业和海洋第三产业增加值占海洋生产总值的比重分别是15.2%、30.7%和54.2%。

海南省,2020年海洋生产总值1 536亿,比2019年名义下降2.5%。主要港口货物吞吐量比上一年下降15.5%,沿海地区接待过夜游客人数比上一年下降62.2%。

思考题

1.海岸带的自然环境与主要经济特点是什么?

2.基于海湾的地域特征,海湾经济具有何种特点?

3.我国海岛类型划分的依据有哪些?海岛具有何种作用?海岛的经济特点是什么?

4.根据河流和海洋的能量大小对比,河口三角洲主要分为哪些类型?各类型河口三角洲具有何种经济特点?

5.什么是国家管辖海域?

6.浅谈公海与国际海底区域的开发利用。

7.浅谈我国各个海洋经济圈的经济发展特点。

第六章
海洋经济的可持续发展与海洋科技

第一节 ◉ 海洋生态系统与环境问题

　　海洋利用随着人类的出现而产生,海洋利用带来的生态问题自古有之,已有两三千年的历史。在人类社会发展的不同阶段,有着不同性质的生态环境问题。在原始捕猎时期,人类只是自然食物的采集者和捕食者,主要是利用环境,随着社会生产力的发展,人类社会出现了捕捞、制盐和航运。为了提高捕鱼数量,人类拖网捕捞、流刺作业、声光捕鱼、不合理的围垦养殖,导致海洋生物资源损害、栖息地破坏、海水富营养化和沉积物质量下降。随着大工业的兴起,大城市的发展和陆域污染物入海排放,加大了海洋环境破坏和环境污染。时至今日,海洋开发与利用问题已成为世界性的社会经济问题。

　　在现有的文献中,常常把"生态"和"环境"视为同义词,是可以相互替代的概念,似乎有了约定俗成的"生态环境"的概念。从理论和实践来考察,生态和环境是有联系但却存在很大差异的两个科学范畴。生态学创始人德国生态学家海克尔指出,生态就是生物与其赖以生存的环境在一定空间范围内的有机统一。生态学是研究生态有机体与无机环境之间相互关系的科学。英国生态学家坦斯利提出生态系统的科学概念,并把生物群落与环境共同组成的自然整体称为生态系统。生物群落是指地球上生物彼此联系共同生活在一起组成的"生物的社会"。生态系统在空间边界上是模糊的,其范围大小是不确定的,往往依据人们研究的对象、内容和目的而定。生态系统可以是一个很具体的概念,一个池塘、一片森林、一个海岛、一片湿地等都是一个天然生态系统,人工岛、海上机场、海洋牧场、海水浴场等是人工生态系统。

　　环境是一个相对的概念,顾名思义,环者,围绕也;境者,疆界也。环境就是围绕的疆界。环境是相对于某个中心事物而言的。可见,环境是一个可变的概念,它不仅随着中心事物不同而变化,而且随着所研究的空间范围的增减而变化。宇宙中一切事物都有自身的环境,同时它又是其他事物环境的组成部分。一般所指环境是以人或人类为中心事物,其他生物和非生命物质被视为环境要素,构成人类的生存环境。自然环境是人类赖以生存和发展的必要物质条件,是人类周围的各种自然因素的总和,即客观物质世界或自然界,是由近及远和由小到大的一个有层次的系统。由空气、水、土壤、阳光和食物等基本环境因素所组成人类生活的自然环境;由大气圈、水圈、土壤圈、岩石圈组成生物圈(地理环境);由地下坚硬的地壳层,延伸到地核内部的地质环境;由整个地球直到大气圈以外的空间组成宇宙环境。《中华人民共和国环境保护法》规定:"本法所称环境,是指影响人类生存和发展的各种天然的和经过人工改造的自然因素的总体,包括大气、水、海洋、土地、矿藏、森林、草原、湿地、野生生物、自然遗迹、人文遗迹、自然保护区、风景名胜区、城市和乡村等。"

地球是人类的摇篮,人类是地球发展到一定阶段的产物。环境对人类社会产生着巨大的影响。反过来说,人类活动对环境的影响也是巨大的。当今人类的生存环境是在自然环境的基础上,经过人类活动的改造和加工而成的,随着人类对海洋开发与利用的深度与广度的深入,海洋环境问题也随之产生。按产生的原因,环境问题可分为第一类环境问题(原生环境问题)和第二类环境问题(次生环境问题)。第一类环境问题是由自然界本身固有的不平衡性,如台风、海啸、火山、地震、暴雨、冰川等造成的。制止这类环境问题的影响是人类所不能及的。第二类环境问题则是由人类社会经济活动对自然环境的破坏作用所造成的。第二类环境问题是科学研究的重点,又可分为环境破坏(海岛灭失、海洋生物多样性丧失、海平面上升等)和环境污染(人类向海洋排放污染的物质超过其自净能力或环境容量)。

海岸线锐减、海岛灭失和海洋生物多样性丧失是我国最突出的海洋生态问题。也是近年来海洋灾害频发、全球气候变暖的根源。据统计,1990 年至 2012 年,我国自然岸线长度减少了 3 510.13 km,年均减少 159.55 km;河口岸线减少了 28.82 km,年均减少 1.31 km。由此可见,我国大陆海岸线长度呈现不断减少的趋势。2014 年根据《全国海岛保护规划》实施评估工作发现,我国共有 26 个无居民海岛已灭失,117 个无居民海岛的岛体形态发生较大改变,其中南海区灭失海岛 11 个,发生较大改变的海岛 48 个,主要集中在广西。近年来,中国海区海洋生物多样性面临的威胁是有史以来最严重的。物种最丰富的珊瑚礁和红树林生态系统同历史上资料比较,面积分别减少了 80% 和 73%;全国累计围海面积达 120 万公顷,相当于现有滩涂总面积的 55%;与 20 世纪 50 年代初期相比,我国东南沿海滩涂动物自然产量下降 60% ~ 90%。据不完全统计,目前九龙江口厦门港一带白海豚仅存 40 只左右,包括香港水域在内的珠江口仅剩下约 400 只。北部湾廉江、遂溪沿海一带栖息的国家一级保护动物儒艮也只有 200 只左右。

人们已经认识到来自环境的能量和物质是生命之源,一切生物一旦脱离了环境,或环境一旦遭到破坏,生命就不复存在。物质和环境之间通过食物链的能量流、物质流和信息流而构成一个统一的系统。能量流指的是阳光进入生态系统时,由植物通过光合作用转变为生物能,然后通过各种动物和微生物的吃和被吃的食物关系,一级级传递甚至全部耗散的过程。由于维持系统功能的需要,每一营养级位上的生物必须保持一定的存量,各种生物量之间也应保持某种适当的比例,形成生物能量逐级递减的金字塔形态。物质是能量的载体,能量通过物质的改变而实现。伴随能量的流动,还必须存有物质循环。物质循环是由能量推动的。在生态系统中,生物从环境中获得营养物质,经过各种生物反复利用,最后回归环境。生态系统的平衡是动态的、相对的,是基于生态系统的构成成分不断变化,能量和物质不断流动基础上的平衡。

不管海洋资源开发与利用方式做何种改进,人类受历史条件的限制,在认识自然界的客观规律中不可避免地具有局限性。虽然人类依靠科学知识,在一定程度上已经能够估算出这种局限性可能带来的不良后果,但是在开发与利用海洋资源的同时,还是经常自觉和不自觉地违背了自然界的客观规律,人为地改变了海洋的局部环境。人类将生产和生活中的废弃物和污水未经处理即直接排入海洋,把海洋当成废弃物的收集场所,从而导致海洋环境破坏、海水质量下降,海洋生物受到危害,生物资源日趋枯竭。

第二节 ◉ 海洋污染

一、海洋污染的基本概念

海洋污染的定义:人类直接或间接地把物质或能量引入海洋(包括河口),因而发生诸如损害海洋生物资源、危害人类健康、妨碍海洋活动、破坏海水使用素质和降低舒适程度等的有害影响。

海洋污染与陆地污染、大气污染等其他环境污染相比,有不少独特的地方。其主要特点:直接性与间接性;污染源的广泛性、多样性和复杂性;污染持续性长;流动性大、扩散范围广;空间差异性;控制的复杂性。

二、海洋污染的危害

海洋污染的危害在对象上是多方面的;在空间上是全球性的;在时间上既是即时的,又是长久持续的;在后果上是严重、深远的,有的是灾难性的。

1.赤潮与有机物污染

有机物污染是近岸沿海最普遍的污染现象。有机污染源很多,主要来自陆地工业、城市和农业污水。有机污染物进入海水中,被需氧微生物分解,结果消耗海水中的大量溶解氧,使得靠呼吸水中溶解氧的海洋动物缺氧而窒息死亡。有机污染物被分解后产生大量过剩的营养盐类,使海水出现富营养化,这又导致依靠营养盐生长的一些海藻,诸如鞭毛藻、硅藻、角毛藻、绿藻等超常规地繁殖、蔓延,形成所谓的赤潮。赤潮,是海洋污染的信号,水体的富营养化是赤潮生成的物质基础,江、河、湖水入海及工业废水、生活污水的注入是近岸和海湾赤潮发生的重要营养源。赤潮形成后,给海洋生态系统带来了难以估量的破坏。首先,赤潮破坏了海洋生态系统的平衡,引发从富营养化到赤潮,又从赤潮生物的死亡尸解到把营养盐和有毒物质带回水体的这样一个复杂恶性循环,最终使水体完全恶化、发臭,成为大型的元生物区;其次,赤潮危及海洋渔业水产资源:赤潮生物把渔场区域海水中的溶解氧消耗殆尽,致使鱼、虾、蟹、贝因缺氧而窒息死亡;最后,赤潮危害人类健康,赤潮毒素通过食物链进入贝体中,人误食后会引起肢体麻痹,甚至中毒致死。有机污染物中有一类毒性特别强的污染物——农药。有些农药,特别是有机氯农药,如DDT,性质稳定,不易分解,陆地上施用后最终汇入海洋。据估计,全世界以往生产的DDT超过150万t,至今已有超过100万t进入并残留在海洋里,给海洋生态环境造成持久的不良影响,抑制了海藻的光合作用,使鱼、虾、贝、藻的生理机能衰退,降低了海鸟的生殖能力。

我国1963年首次报道在浙江镇海至台州石浦近海发生赤潮,以后在东海、黄海、渤海和南海都有过赤潮报告。赤潮在20世纪60年代以前极少发生,造成平均每年经济损失1亿元;七八十年代开始经常发生,但每年不超过10次,造成平均每年经济损失10亿元左右;90年代以来急剧增加,每年发生十几次到几十次,造成平均每年经济损失达20亿元。2000年我国发生的主要赤潮事件见表6-1。近年来,中国海洋赤潮频发,危害加剧。2011—2017年我国爆发大型赤潮300余次,波及近4万km²海域;2015年,辽宁红沿河核电站取水口被赤潮堵塞,反应堆停机,单次损失就达1.8亿元。根据《2021年中国海洋灾害公报》,2021年全国共发生赤潮58次,累计波及海域面积23 277 km²。与近十年相比,2021年赤潮发生次数高于平均值(51次),累计波及海域面积为最高值,是平均值(6 173 km²)的3.77倍。此外,海洋生态灾害类型也从赤潮扩展为绿潮、金潮、水母旺发等多种类型,并具有区域特征。

表6-1　2000年我国发生的主要赤潮事件

日期	具体位置	波及海域面积/km²	主要藻种
5月12—16日	浙江台州列岛附近海域	1 000	原甲藻
5月18—24日	浙江台州列岛附近海域	5 800	齿原甲藻、多甲藻
7月9—15日	辽东湾	350	夜光藻
8月8—20日	深圳大亚湾	20	锥形斯氏藻、五角多甲藻
9月3—6日	深圳大亚湾	30	锥形斯氏藻

目前中国农业耕种过程中大量使用化肥,而农作物对化肥的吸收率仅为30%,70%都将随着水土流失最终到达河流和海洋,对海洋造成污染。每年4月到10月是赤潮多发期。为做好全国赤潮防灾减灾工作,自然资源部正加大赤潮监控力度,在全国重点海域建立了33个赤潮监控区,开展高频率、高密度的监视监测,同时加强陆源污染监测,实施防范措施,加强对赤潮灾害防治科学和技术的综合性研究。海洋赤潮主要会对水产养殖和捕捞业造成较大损失。目前还没有技术手段消除大规模赤潮的爆发。

2.石油污染

海洋石油污染是海洋污染中的一个重要方面。全世界每年入海污染的石油多达 $3.0×10^6 \sim 4.0×10^6$ t,其中2/3来自陆地,1/3则是海上运输、开发中的溢油,即直接污染。石油进入海洋后首先在海面形成油膜,1 t石油大约可以形成12 km²的油膜,石油污染改变了海水的物理和化学性质,妨碍了海面与大气之间的空气交换,致使海洋生物窒息死亡。海水中的石油会影响海洋生物的正常代谢机能,影响生长速度,引起病害,导致大批生物死亡。海洋石油污染对海洋成鱼在短期内虽然不产生明显危害,但对幼鱼和鱼卵的危害十分显著。油污能粘住大量鱼卵和幼鱼,使之死亡;或者使孵化出的幼鱼是畸形的。同时,石油污染在短时间内即可对经济鱼类造成巨大伤害,使相关行业遭受重创,因为鱼、虾、贝、藻等一旦遭受石油污染,产生油臭味,就失去了食用价值。海鸟则会因羽毛被石油粘住而飞不起、游不动,坐以待毙。据统计,西北大西洋每年由于石油污染造成数十万只海鸟死亡。石油污染的另一危害是破坏海滩的优美风景,使其失去旅游、休闲和海滨运动的价值。

石油污染已经成为一个亟待解决的问题。我国每年进入海洋的石油量超过10万t,由于海洋环境受到了严重的破坏,导致多个行业也由此遭受到了不同的损失,仅从渔业上来看,该行业的年损失金额高达数亿元。除此之外,根据海洋环境监测网所统计的数据,与一二类海水水质标准相比,我国被石油污染的海域面积远远超出这一标准,且污染面积高达5万km²。

3.重金属污染

重金属污染是海洋的又一严重污染问题。重金属污染海洋的途径很多,包括工矿企业的废水、废气和废渣。废水中的重金属若未经有效处理而经江河或排污道排进海洋,就会造成海洋的污染;废气中的重金属颗粒则随风飘散或经降水最后沉入海洋;工业和矿场废渣堆积在海边或直接倾倒入海,将污染海洋。据不完全统计,全世界每年进入海洋的汞约 $1.0×10^4$ t、铜约 $2.5×10^5$ t、铅约 $3.0×10^5$ t、锌约 $3.9×10^6$ t,无疑会对海洋生态系统造成生命演化史上的空前灾难。过量的重金属往往对生物造成严重的损害,且随食物链传递、富集。某些海洋生物体内重金属的含量比周围海水的高出几到几十万倍,由于生物富集、浓缩效应,特别是通过生物作用是某些重金属的化学形态发生变化的必然过程,例如无机汞转变为有机汞——甲基汞,使重金属毒性的生物有效性大大提高。

2016 年我国南海区海洋环境状况公报指出,其 9 条主要河流(如珠江、深圳河、东江、榕江等)的重金属污染物入海量共计 3 244 t,其中,铜 476 t、铅 178 t、锌 2 548 t、镉 35 t、汞 7 t。此外,重金属停留时间很长,并可以沿着食物链转移和富集,因而对生物影响颇大。以里海为例,2000 年 4 月中旬以来,其哈萨克斯坦水域就有多达 8 000 头海豹因为长期受汞、镉的污染而死亡。

4.固体废物污染

进入海洋中的固体垃圾无所不有,从废塑料袋到饮料罐再到汽车轮胎和整个废弃的汽车。其中有些是通过大气、江河自然排入的,有些是人们在海上或海滨活动时有意或无意地排入海洋的,还有些是专门用船只把垃圾从陆地运往海上倾倒的。塑料垃圾因其自然寿命很长,在海洋中对哺乳动物、海鸟、海龟和甲壳类生物构成很大危害。上述海洋动物或是误食塑料垃圾后致死,或是被塑料垃圾缠身而死。固体垃圾污染除了给海洋生物造成危害外,还破坏优美的海滩和海面景观,使海洋环境的旅游和美学价值也大大降低。

污染海洋的另一类固体废物是悬浮颗粒物质,主要来源于沿岸、港湾的疏浚和填埋,也有来自工农业废水以及陆地地表的水土流失。这些悬浮颗粒污染物质虽然本身不一定有毒害,但是会造成海水浑浊,一方面影响海水的美感,另一方面影响海水的透光性,进而影响海水初级生产力,乃至整个区域的海洋生态系统,当然也对渔业资源造成危害。

5.热污染

沿海某些工厂,诸如热电厂、钢铁厂、机械制造厂、焦化厂等大量冷却水排放入海,由于此类冷却水的温度比正常海水高很多,导致局部海域海水温度升高,对海洋生态环境造成的不利影响,称为热污染。各种海洋生物都有其固有的生存、生长和繁殖的温度范围。如果温度超过了这些范围,海洋生物的生长发育规律及生理活动就要受到影响,有的将不能生长,或者不能发育,或者不能生殖,或直接死亡。海水温度的升高还同时改变了海水的其他物理、化学性质,比如随着水温的增高,溶解氧的含量将不断减少。而且水温增高,又促进了水中有机物的分解作用,从而增加了溶解氧的消耗。海水中溶解氧的降低,对海洋生态系统是一种灭顶之灾。

6.放射性污染

海洋放射性污染的主要来源包括核事故、核试验、核动力舰船、核电厂放射性排放以及人为投放的中低水平放射性废物。截至目前,全球共出现过 3 次放射性污染大事故,包括 1979 年美国三哩岛 5 级核事故、1986 年切尔诺贝利 7 级核事故以及 2011 年日本福岛 7 级核事故。2011 年 3 月 11 日,日本福岛发生重大核事故,大量放射性物质排放入海,在海流作用下,放射性物质大量扩散。2023 年,日本强行推动核污染水排海,将导致海水中含有的诸多放射性同位素增加,例如,锶 90、铯 137。海洋生物对核素的富集会对海洋生态系统造成直接或间接影响,进而威胁人类健康。海洋的放射性污染不但会破坏海洋生态系统,同时还将通过食物链传递到人体,增加人类癌症和白细胞增多症的发病率。

三、中国海洋污染的成因

1.陆域污染源

中国海域的陆域污染源占入海污染物的 90% 以上,其中以陆地企业向大海中排放油类、酸液、碱液、剧毒废液以及具有放射性的废水等污染物的工业污染源为主。其余陆域污染源主要包括以生活废水、生活垃圾为主的生活污染源,过量使用的农药、化肥等农业污染源,以及水产养殖过程中的陆上养殖污染源。目前全国陆源入海排污口超标排放现象严重,仅 27% 的入海排污口全年四次监测均达标。近岸局部海域受无机氮、活性磷酸盐等影响,约 4.4 万 km^2 海域水质劣于第四类海水水质标准,约 2.2 万 km^2 近岸海域水体呈重度富营养化状态。

2.海上污染源

目前中国近岸海域的主要污染物质是无机氮、活性磷酸盐和石油类,这些污染物质的污染源属于海上污染源。除此之外,海上污染还包括重金属污染、有机物污染、放射性污染、城市排污和农药排污等。根据《2011 年中国海洋环境状况公报》的统计,目前中国海域内石油类含量超第一、第二类海水水质标准的海域面积约为 24 500 km^2,其中渤海、黄海、东海、南海分别为 6 190 km^2、5 330 km^2、5 000 km^2、7 980 km^2;长江口等部分区域石油类含量劣于第四类海水水质标准。此外,近岸局部海域化学需氧量超第一类海水水质标准,总面积约为 13 660 km^2,且主要分布在渤海近岸海域,其中辽河口、珠江口等局部区域海水中化学需氧量或超第三类或劣于第四类海水水质标准。

3.不合理的开发活动

目前我国存在一些不科学、不合理的海洋开发活动,主要体现在渔业捕捞和海水养殖方面,这对海洋生态结构造成了一定的影响。具体如下:海上石油、化学品运输的泄漏事故,以及对沿海港口和码头的废水、废物的处理不当致使海洋倾废量增加;许多不科学的海岸工程建设改变了局部水文的动力条件;沿海滩涂的盲目围垦致使海岸带生态环境遭到破坏;入海流域的断流对沿岸海域生态系统的结构和功能造成一定破坏;某些外来物种的盲目引进严重危害本地物种的安全。

第三节 ◉ 海洋资源枯竭与破坏

一、海洋渔业资源枯竭

海洋渔业资源是海洋资源的重要组成部分,也是人类开发利用海洋最早的领域,对人类社会的生存发展具有十分重要的意义。但随着全球人口的急剧增加,加上对海洋资源的合理开发利用尚缺乏深刻的科学认识,从而导致对海洋渔业资源的过度捕捞,造成全球海洋渔业资源的日益明显衰退。

海洋渔业可分为海洋捕捞业和海水增养殖业。1950 年的世界海洋渔业捕捞量为 1.9×10^7 t。随着追踪鱼群的声纳装置、巨大的浮网,以及冷藏船的出现,捕捞量大增,在 1997 年达到

$9.3×10^7$ t。在 47 年中,全球人口增加了 1 倍多,而捕捞量却猛增了近 5 倍,人均海产品的年消费量也大幅增加。可是从 1998 年以后,总捕捞量和人均消费量都出现了下降。全世界 17 个主要渔场都已经达到或超过它们的最大负载能力,其中 9 个渔场已处于衰退状态,个别已到了崩溃的边缘。可见捕捞量的急剧增加是以破坏生态的深重代价取得的,特别是严重破坏了一些珍贵的渔业资源而取得的。根据 FAO 统计,在生物不可持续水平上捕捞的鱼类种群比例从 1974 年的 10% 增加到 2015 年的 33.1%。其中地中海和黑海不可持续种群比例最高,为 62.2%,其后是东南太平洋的 61.5% 和西南大西洋的 58.8%,如图 6-1 所示。如西北太平洋日本鳀和东南太平洋智利竹荚鱼被认为已遭过度开发,东南太平洋的两个主要鳀鱼种群、北太平洋的阿拉斯加狭鳕和大西洋的蓝鳕被完全开发,大西洋鲱鱼种群在东北和西北大西洋被完全开发,东太平洋和西北太平洋的日本鲭鱼种群被完全开发。在目前 23 个金枪鱼种群中,60% 以上被认为完全开发,而 35% 被认为已过度开发或处于衰退中。

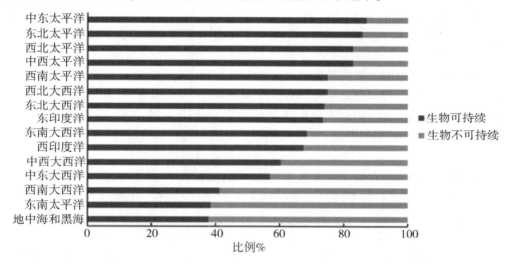

图 6-1　全球主要渔区鱼类种群可持续水平种群百分比

　　中国重要的经济海区,20 世纪 90 年代的酷渔滥捕现象十分严重,不仅使重要的天然经济鱼类资源受到很大破坏,而且也严重影响了滨海湿地的生态平衡,威胁其他水生物种的安全,造成我国近海渔业资源的明显衰减。主要表现为:①海区的鱼群分布密度日趋降低;②渔获物质量日趋变差;③渔获物中主要经济鱼类年龄组成趋于低龄早熟化及个体小型化,传统经济鱼类的产量逐年降低,有些原来属于我国沿岸近海的优势种类,逐渐减少甚至变成稀有种类,如渤海的小黄鱼、带鱼、真鲷、黄姑鱼、河鲀、梭鱼、鲆鲽和鲈鱼等,黄海的带鱼、大小黄鱼、鳕鱼、鲆鲽等,东海的大小黄鱼、墨鱼,甚至带鱼等,都呈现出日益衰退的明显趋势,若这种趋势继续发展,这些原来的优势种类就有可能从我国沿岸近海彻底消失;④捕捞活动多数集中于近岸海域,强大的捕捞力量与有限的作业渔场、薄弱的资源基础之间的矛盾日益突出,由于渔业资源开发强度过大和利用不合理,渔业资源结构发生了重大变化。近年来,国家实施科学管理,在渔业开发和保护方面取得较大进展,例如,我国渔船数量从 2014 年的 106.53 万 t 降低到 2022 年的 51.1 万 t。但是,海洋渔业资源的保护和回哺并不是在短期内可以完成的。

二、海洋生物和海岸资源破坏

由于无序利用、无度利用和不合理利用所造成的海洋资源浪费和破坏也普遍存在,如因过度利用海砂资源导致海水浴场资源破坏和海岸侵蚀,某些不合理的海岸工程造成海岸生态系统破坏和岸线资源的浪费。不合理的围海、砍伐、挖礁、挖砂,致使中国80%的珊瑚礁遭到破坏,72%的红树林被砍伐,70%的砂质海岸受到侵蚀。同时部分海岸、海滩被侵蚀后退,海水渗透倒灌,环境灾害不断,甚至危及人们的生活和生产安全。

中国的红树林在20世纪后期由于围垦和砍伐(木材、薪柴)等过度利用,天然红树林大面积消失,使中国的红树林生态系统处于濒危状态,同时使许多生物失去栖息场所和繁殖地,也失去了防护海岸的生态功能。近40年来,中国红树林面积呈现出先减少后增加的总体趋势。2000年之前一直呈负增长,相对于1978年,2000年红树林总面积净减少了9 662.85公顷,1978—1990年负增长率甚至达到24.4%。但是,2000年以后,转为正增长态势,2018年红树林净增加5 748公顷。其中2000—2013年增长率达到20.5%,2013—2018年增长率减缓至6.9%。

珊瑚礁是中国南部海域最富特色的景观和自然资源,多年来由于无度、无序的开发,已使珊瑚礁受到严重破坏。我国珊瑚礁种类有200多种,由于大量开采,近岸海域珊瑚礁生态系统已遭到严重破坏。海南是中国最主要的珊瑚礁区之一,由于过度开采,约有80%的珊瑚礁资源被破坏。海南省闻名的珊瑚礁每年被破坏近6×10^4 t,其后果为加速了海岸被海水侵蚀,十几年间,海水侵蚀了300 m,且以每年20 m的速度向陆地扩展。

海岸侵蚀在中国滨海湿地地区是较普遍的问题,尤其在中国南部海区更为明显。海浪、潮流、飓风、植被破坏、开采矿物和砂石是造成海岸侵蚀的主要因素。在砂质海岸区,由于采挖建筑用沙,已使许多良好的砂质海岸遭受破坏,海岸侵蚀加剧。在渤海湾沿岸的天津、河北、山东等地,因大量采沙挖贝用于建筑、饲料等,使许多岸段的贝壳堤消失,也造成了海岸严重侵蚀。一些沿海湿地的破坏,使许多沿海城镇受到海水的严重侵蚀和渗透,海水对淡水系统的影响直接威胁着当地的淡水资源供应。海南省一些地区部分海岸线近十年已经向陆地一侧后退约230 m,年均岸线被侵蚀后退20 m。其结果不仅对依赖珊瑚礁生存的海洋生物造成严重影响,同时也使其丧失了护岸功能和旅游等经济、社会价值。

三、我国相关对策

1.建立海洋自然保护区

保护区是指用以保护和维护生物多样性和自然及相关文化资源的陆地或海洋。保护区包括自然保护区、风景名胜区、森林公园以及其他类别的受到保护的区域。面对海洋资源的过度开发、海洋生态的退化和海洋环境的严重污染,近三十年来,不少沿海国家和地区相继建立起为数众多的各种类型的海洋自然保护区。建立海洋自然保护区是保护海洋生物多样性、遏制海洋资源枯竭和破坏的最有效方式。世界自然保护联盟(IUCN)将海洋保护区定义为:任何通过法律程序或其他有效方式建立的,对其中部分或全部环境进行封闭保护的潮间带或潮下带陆架区域,包括其上覆水体及相关的动植物群落、历史及文化属性。世界上最大的海洋生态保护区是位于澳大利亚东北部近海的大堡礁保护区。1974年,澳大利亚政府将大堡礁定为国家公园加以保护;1981年,联合国教科文组织将其列为世界自然遗产。

我国海洋保护区建设,最早可追溯到 1963 年在渤海海域划定的蛇岛自然保护区。1988 年 7 月,我国确立了综合管理与分类管理相结合的新的自然保护区管理体制。规定"林业部、农业部、地矿部、水利部、国家海洋局负责管理各有关类型的自然保护区";11 月,国务院又确定了国家海洋局选划和管理国家海洋自然保护区的职责。1989 年年初,沿海地区海洋管理部门及有关单位,在国家海洋局的统一组织下,进行调研、选点和建区论证工作,选划了昌黎黄金海岸、山口红树林生态、大洲岛海洋生态、三亚珊瑚礁、南麂列岛五处海洋自然保护区,1990 年 9 月被批准为国家级自然保护区,这些保护区大多数属于海岛类型。目前我国已建成各种类型的海洋自然保护区 90 余个,其中国家级海洋自然保护区 30 余个。建有珊瑚礁自然保护区 8 个。截至 2020 年 6 月,我国大陆地区已经建立了 38 个以红树林为主要保护对象的自然保护地,其中国家级自然保护区 6 个,超过 75% 的天然红树林被纳入了保护地范围,远远超过 25% 的世界平均水平。同时,全国已经建立了一支总人数 208 人的红树林保护地管理人员队伍。《红树林保护修复专项行动计划(2020-2025)》提出要科学营造红树林,修复现有红树林。在自然保护地内养殖塘清退的基础上,优先实施红树林生态修复。到 2025 年,营造和修复红树林面积 18 800 公顷,其中,营造红树林 9 050 公顷,修复现有红树林 9 750 公顷。海洋自然保护区的建立,保护了具有较高科研、教学、自然历史价值的海岸、河口、岛屿等海洋环境,保护了中华白海豚、斑海豹、儒艮、绿海龟、文昌鱼等珍稀濒危海洋动物及其栖息地,也保护了红树林、珊瑚礁、滨海湿地等典型海洋生态系统。

我国沿海各地对建立保护区的热情很高,现有的各类海洋保护区的生态环境质量状况基本良好,但保护区生物和生态系统遭到人为破坏的现象仍时有发生,少数保护区的面积缩小。在权衡经济效益和自然保护区两者之间的关系时,虽然选择保护区建设的是多数,但我国海洋自然保护区的建设和管理任务仍十分严峻。

2.完善伏季休渔制度

夏季是海洋主要经济鱼类繁育和幼鱼生长的重要时期,在这一时期捕捞的渔获物中,幼鱼比例相当高。为加强对我国海洋渔业资源的保护,缓解过多渔船、过大捕捞强度对渔业资源造成的巨大压力,促进我国海洋渔业持续、稳定、健康发展,我国自 1995 年起,在黄海、东海和南海三大海区施行 2~3 个月的禁渔期,禁止拖网、帆张网等渔船出海作业。因禁渔期是农历伏季,禁渔期内渔船、渔民停止捕捞活动,进港休整,同时幼鱼资源得到休养生息,因此形象地将这一制度称为"伏季休渔"。我国的休渔制度逐渐完善。

2020 年,农业部通告〔2018〕1 号文件规定,休渔海域为渤海、黄海、东海及北纬 12° 以北的南海(含北部湾)海域。休渔时间:北纬 35° 以北的渤海和黄海海域为 5 月 1 日 12 时至 9 月 1 日 12 时;北纬 35° 至 26°30′ 之间的黄海和东海海域为 5 月 1 日 12 时至 9 月 16 日 12 时;北纬 26°30′ 至"闽粤海域交界线"的东海海域为 5 月 1 日 12 时至 8 月 16 日 12 时。

2021 年,农业农村部通告〔2021〕1 号文件规定,休渔海域为渤海、黄海、东海及北纬 12° 以北的南海(含北部湾)海域。休渔时间:北纬 35° 以北的渤海和黄海海域为 5 月 1 日 12 时至 9 月 1 日 12 时;北纬 35° 至 26°30′ 之间的黄海和东海海域为 5 月 1 日 12 时至 9 月 16 日 12 时。

2022—2023 年,按照农业农村部通告〔2021〕1 号等文件确定的时间节点和相关制度,继续坚持最严格的伏季休渔执法监管,严肃查处违法违规行为,确保海洋捕捞渔船(含捕捞辅助船,下同)应休尽休、海洋渔业资源得到休养生息。

3.生态渔业

生态渔业是一种可持续发展的养殖业生产方式,它是根据生态系统内物质循环和能量转换规律建立起来的渔业生产结构,以实现海水增养殖业与资源保护之间的平衡。中国《21世纪议程》特别强调"造成海洋渔业环境恶化的主要原因是缺乏规划管理,捕捞力失控以及海洋环境污染加剧"。

近年来,我国对海洋环境和海洋资源保护的重视程度日益提高,国务院和各沿海地区发布的有关海洋资源保护的法规、政策和规划逐渐具体、细化。

第四节 ◉ 海洋经济可持续发展与海洋资源可持续利用

联合国环境和发展大会于1992年发布的《21世纪议程》指出:"海洋环境——包括大洋和各种海洋以及邻近的沿海区域——是一个整体,是全球生命支持系统的一个基本组成部分,也是一种有助于实现可持续发展的宝贵财富。"《21世纪议程》要求各个国家、次区域、区域和全球各级对海洋和沿海区域的管理和开发采取新的方针,对海洋和沿海环境及其资源进行保护和可持续的发展。由此,海洋可持续发展理念正式提出。2002年通过的《可持续发展问题世界首脑会议执行计划》进一步提出"保护和管理经济与社会发展所需的自然资源基础"的海洋领域行动方案,并对海洋生态系统、海洋渔业、海洋保护区和海洋环境等提出了具有时限的建设目标。《21世纪议程》和《可持续发展问题世界首脑会议执行计划》两个重要文件明确了海洋在全球可持续发展中的重要地位和作用,为海洋可持续发展提供了基本的行动指南。中国发展海洋经济也需要考虑近期的经济效益与环境承载力,需要考虑如何保护海洋生态资源、如何避免海洋环境污染等长远的、具有战略意义的重大问题。

可持续发展视阈下的海洋经济发展并不意味着海洋经济的零发展,而是将保护海洋生态资源、环境与海洋经济统筹起来的发展。其核心是海洋经济的可持续性,其发展宗旨是考虑到当前我们发展海洋经济与后代人继续开发利用海洋资源的双层面需要,不能以牺牲后代人的发展空间为代价来满足当代人发展的需求。实现海洋经济发展与海洋生态系统的和谐,是中国海洋经济发展战略的重点,也是中国实现生态文明的必然选择。2023年11月9日,中国海洋发展研究会和国家海洋信息中心在厦门国际海洋周开幕式上联合发布了《2023中国海洋发展指数报告》。2022年中国海洋发展呈现以下特点:一是海洋经济发展与民生改善同频共振;二是科技创新能力增强;三是生态环境状况稳中趋好;四是资源开发利用能力明显提高;五是高水平开放不断拓展;六是海洋管理水平进一步提升。

一、海洋经济可持续发展的内涵

海洋经济可持续发展体系由海洋经济、海洋资源环境和海洋社会可持续发展三个互相联系、互相渗透和互相影响的分支体系组成,同时每一个分支体系又囊括若干个分子系统和要素。可以将海洋经济可持续发展概括为三层含义:海洋经济的可持续性是中心,海洋生态的可持续性是特征,社会发展的可持续性是目的,三个方面整合构成了海洋可持续发展的总体内容。其中,海洋生态的可持续性为海洋资源的可持续性利用提供了保障。然而,人类对海洋资源的过度需求和有限供给之间存在着尖锐的矛盾,需要正确解决资源质量、可利用量与潜在影响之间的关系,在利用资源的同时更要注意保护资源的多样性、资源遗传多样性与生产力之间的关系,力求整合资源方法,减少海洋资源利用中的矛盾和冲突,在不影响海洋生态过程完整性的前提下提高产出率。

二、海洋经济可持续发展的特征

1.海洋经济可持续发展是实现海洋经济的高质量发展方式,随着绿色发展理念的深入人心和海洋经济的可持续发展,海洋经济发展不仅要注重数量的增长,也要践行绿色生产方式,由过去注重海洋经济发展总量和增长速度的传统生产和消费方式向节约能源、提高海洋经济发展质量和效益转变,实行清洁生产和文明消费,真正让海洋资源的可持续利用支撑海洋经济的稳定健康发展,实现海洋经济效益的最大化。

2.海洋经济可持续发展要以保护海洋资源和海洋环境为基础,与海洋资源和环境的承载能力相符合,它要求在海洋生态环境承受能力可以支撑的前提下,解决当代海洋经济与海洋生态发展的协调关系。因此,发展的同时必须保护海洋环境,包括控制海洋污染,提高海洋生态质量,保护海洋生命支持系统,保护海洋生物多样性,保持海洋生态的完整性,保证以可持续的方式使用可再生资源,使人类的发展保持在海洋承载能力之内。

3.海洋经济发展过程涉及海洋资源、生态环境、科学技术和经济制度等诸多要素,关系到整个沿海地区的经济发展态势,要实现海洋经济的可持续增长,必然要求这些要素形成健康可持续发展格局。在绿色经济发展增长的背景下,从海洋资源开发利用、海洋科技创新水平、海洋生态环境保护和海洋经济保障制度等方面寻求海洋经济可持续发展路径。可持续性可以概括为生态可持续性、经济可持续性和社会可持续性三个特征,它们是相互关联和不可侵犯的。海洋对于世界可持续发展至关重要,追求蓝色经济的绿色发展是当代人类的共同愿景。

4.海洋资源的可持续开发与利用是可持续发展理念在海洋资源领域的重要体现,高质量推进海洋资源开发与利用能有效引导经济主体对海洋资源进行选择性开发与利用,在保证海洋资源可持续利用的前提下发展海洋经济。因此,应始终秉持"可持续"和"高质量"的海洋战略视角与意识,从片面追求海洋经济高速增长,转变为追求发展海洋经济与建设海洋生态文明并举的理念,从单纯发展海洋经济转变为海洋经济与海洋科技并举的理念,从资源开发型转变为技术带动型发展模式,着力建设"绿色海洋"和"智慧海洋",将可持续发展理念落到实处。

三、海洋经济可持续发展的路径

海洋经济可持续发展的路径,应当注意以下四个方面。

1.强调人与自然的和谐

在马克思、恩格斯看来,人是生活在自然界这个有机整体之中的特殊生物,人与自然都处于这个循环的整体之中,马克思指出:"自然界,就它自身不是人的身体而言,是人的无机的身体……所谓人的肉体生活和精神生活同自然界相联系,不外是说自然界同自身相联系,因为人是自然界的一部分。"如果人类的发展破坏了人与自然的和谐,那么必然会出现环境灾难。

2.重视科学技术的合理运用

马克思在《资本论》中论述道:"大工业把巨大的自然力和自然科学并入生产过程,必然大大提高劳动生产率,这一点是一目了然的。"当然,这种科学技术并不是指科技的滥用,而是以可持续发展理念为核心,能使劳动生产率得到很大的提高、资源得到最优利用,并且科技的扩散会使整个社会实现资源节约、环境友好。

3.倡导绿色生态的消费观

马克思、恩格斯重视人类消费与自然生态环境的关系,因为人类最基本的物质消费资料是自然提供的,人与自然必须处于持续不断的交互作用过程中,否则人类将不复存在。马克思、恩格斯批判了资本主义异化的消费观,提倡生态化的消费模式,提出人类的消费需求应当建立在对生态环境给予保护的前提下,将生态环境平衡、人类可持续发展和人的全面发展作为最终目标。

4.与新发展理念相结合

海洋经济的发展应将"创新、协调、绿色、开放、共享"新发展理念与可持续发展观相结合,指导海洋发展实践。创新发展是实现海洋经济可持续发展的关键驱动因素、根本支撑和关键动力;协调发展是提升海洋经济可持续发展整体效能的有力保障;绿色发展是实现海洋经济可持续发展的历史选择,是通往人与海洋和谐境界的必由之路;开放发展是拓展海洋经济发展空间、提升开放型经济发展水平的必然要求;共享发展是海洋经济可持续发展的本质要求。简而言之,海洋经济的可持续发展应是以"创新、协调、开放"的理念实现"绿色、共享"的发展。

四、海洋资源的可持续利用

海洋资源可持续利用是可持续发展思想应用于海洋科学而产生的新名词,是指以可持续的方式利用海洋资源。一方面,对于可再生海洋资源,可持续利用指的是在保持海洋资源的最佳再生能力前提下的利用。另一方面,对于不可再生海洋资源,可持续利用指的是保存和不以使海洋资源耗尽的方式对其加以利用,而且既要保证当代人的需求,也要照顾到子孙后代的利益。具体地讲,海洋资源可持续利用包括以下五个方面的内容:

1.生产性(保持和加强海洋的生产和服务功能)

从这个角度出发,持续利用的海洋应该能充分发挥其生产潜力,并实现生产力的持续上升,或者至少是维持在现有水平上。如果在利用过程中海洋生产力在波动中逐渐下降,这样的利用肯定是不可持续的。海洋生产力的度量有多种指标,如海洋资源的生物量、能量、数量、价值量等。对于海洋油气资源开发来说,提高开发技术、资源循环利用、监测防治石油污染都是持续利用的例子,人工增养殖海区通过贝藻混养、鱼藻混养、建立高产优质人工渔业生态系统等也是持续利用的例子。

2.稳定性(减少生产风险程度)

由于自然条件、社会、经济等因素的变动,海洋生产难免会出现波动,持续利用的海洋应该是在一定的时间尺度上使生产力的波动控制在一定的范围内,出现大的生产力波动的海洋必然是不稳定的。

3.保护性(保护海洋的潜力、防止水域污染和资源衰竭)

广义的海洋资源包括港湾、能源、空间、旅游景观等资源。持续的海洋利用方式应该实现资源的有效利用和适宜的开发,资源的保护性是指海洋资源分配实现代际公平,如果后代享有比当代更多的资源,或至少不少于当代享有的资源,则实现了海洋的持续利用。海洋持续利用以海洋生物资源、海洋空间资源和水域的保护为重点。如填海造地用海的主要目标是海洋空间资源的保护,工矿用海的主要目标是实现矿产资源的持续开采。

4.经济可行性(具有经济活力)

人们利用海洋的目的在于获得一定的经济收益,所以,如果某种海洋利用方式在当地是可行的,那么这种海洋利用方式一定有经济效益,其收益必须大于投资成本,否则肯定不能存在下去。海洋持续利用需要考虑的是综合效益,是海洋经济产出和外部经济性的综合效益,并非海洋产品的价值。如果某种海洋利用方式,如海洋油气开发,具有绝对的经济效益,但带来生态和社会的外部不经济性大于单纯的经济收益,这样的海洋资源利用方式依然是不可持续的。从经济学的角度考虑,海洋资源持续利用要求投入产出比大于1。相对于一定投入,产出越大说明海洋利用给予人类的回报越多。

5.社会可接受性(具有社会承受力)

社会可接受性是指某种海洋利用方式能否被社会所接受,如果不能被接受,则这种海洋利用方式必然是失败的。影响社会接受能力的因素有很多,诸如政策法规、政策保障、个体接受能力、团体接受能力等,这些因素难以度量使得社会接受能力的直接度量比较困难,其中一项重要内容是收益分配的代内公平性和资源利用的代际公平性。如果海洋资源收益的分配与占有人群之间的关系呈现正态分布,那么该海洋利用方式具有收益分配代内相对公平性;如果少数人占有大量的海洋资源收益,这样的海洋资源收益分配是不公平的;如果由于过度开发或不合理的利用而损害了后代利用同一资源和环境的权利,那么这样的方式也是不公平的。

第五节 ◉ 科技推动经济增长和生态保护

一、可持续发展视阈下的海洋科技发展观

在不可持续发展的社会制度和生产方式下,不断进步的科学技术仅仅是维系统治及获得更高利润的工具,给人类的生存和发展带来了灾难性的恶果。另外,可持续发展视阈下的海洋经济发展并不能否认对利润的追求,尤其是对于作为发展中国家的中国来说,消除贫困、消除两极分化是可持续发展理念的重要内容之一。但与传统的发展理念不同,这种利润追求方式应该以稳定的海洋生态资源与环境为依托,重视海洋自身的可承载能力,提高资源的利用效率,促进海洋经济发展与海洋生态系统的协调,这是中国海洋经济发展战略的重点,也是实现生态文明的必然选择。因此,可持续发展框架下的海洋经济发展应将科学技术从以利润最大化为目标的生产方式中解放出来,使科学技术的使用走向分散化,开发新的、可再生的、无污染的能源,提高能源利用效率,并稳固生态文明的精神依托和道德基础,具体来说应体现在以下几个方面。

1.转变科学技术的使用观念

当前海洋生态环境不断恶化的根源并不在于科学技术本身,而是在于不可持续发展的控制自然的观念。各个国家贪婪的本性不仅使追求利润最大化的观念成为海洋经济发展观念的主流,而且使技术理性的概念从保护海洋生态环境的目标中脱离出来,打破了人类与自然之间的生态平衡,进而造成了海洋资源、生态环境日益遭到破坏的现状。另外,传统的、不可持续的发展观把海洋生态环境问题仅仅看作一个经济代价的核算问题,把海洋生态环境质量看作一

种在价格合适时可以购得的商品,而忽略了海洋生态环境的社会属性,其目的依然是促进经济增长、获取更多利润。因此,扭转不可持续发展的错误技术观的关键在于,将科学技术从以利润最大化为目的的生产方式中解放出来,使其能够满足人类的基本需要、促进人与自然的和平共处,并使人类由技术理性转向"后技术合理性"。科学技术是一把双刃剑,它既可以毁灭海洋生态环境,也能为消除劳动的异化、缓解人类与海洋之间的矛盾、实现人类自身的解放创造条件。在传统的、不可持续发展的社会制度下,一切生产主要围绕着获取最大化利润而展开,在这种反生态的技术观指导下,科学技术只能成为人类剥削自然的工具,所以,摆脱海洋生态危机的关键就是转变科学技术的使用方式。

2. 改变科学技术的使用方式

如果科学技术是以高度集权为特点的,那么技术的使用与决定权则主要掌握在一小部分人手里。追求利润最大化的贪婪本性与反生态技术观的存在,使最广大人民无法享受到科技进步创造的社会价值,造成了海洋自然资源的过度消耗和海洋生态环境的急速恶化。因此,可持续发展理论倡导民主的科学技术使用观,扩大科学技术的使用范围,使科学技术真正地为人民谋福利,促使人类开发海洋与保护海洋生态环境协调发展。海洋开发技术的使用应当与海洋自然资源的配置方式、海洋经济发展的政策方向一致,需根据海洋生态环境平衡与市场需求变化的动态进行分配,促使海洋开发技术不会为"异化的消费"提供支持。与此同时,海洋资源的分配与海洋经济的发展也应当充分考虑经济发展与自然之间的关系,促使海洋科学技术成为既可以满足人类的需求又不损害海洋生态系统的"好东西",避免海洋生态环境的污染与破坏,应有效地促使人们放弃反生态的消费方式,使全社会的生产与消费都建立在生态文明的基础之上。

3. 选择海洋清洁能源

可持续发展理论并没有否认科学技术本身对于人类解决生态问题的积极作用。威廉·莱斯认为,工业化的积极方面和尖端科学技术可以向当代社会提供过去所无法提供的舒适环境,可以使得人类享受更加多姿多彩的生活。他还认为,科学技术作为人类身体的延伸以及改造自然环境的方式和手段,是人类化解生态危机的重要组成部分。不可否认,海洋所蕴藏的潜在资源是巨大的,科学技术的发展可以把这些潜在的资源转化为现实资源。可持续发展理论提倡运用科学技术提高海洋不可再生资源的利用效率,并重点发展新型的、清洁的海洋资源。由于海洋资源中清洁能源的存量巨大,加大对其利用力度既可以满足人类的需求与欲望,又可以保证海洋生态环境不被破坏,实现海洋经济发展与海洋生态环境保护的双赢。因此,大力发展海洋科学技术,不断提高海洋资源利用效率,同时运用创新性的科学技术发展海洋清洁能源产业,可以使人类更好地开发海洋、利用海洋和保护海洋。

4. 强化海洋生态文明意识与生态文明道德建设

可持续发展理论认为,生态危机产生的主要原因之一就是,人类在控制自然和追求自身利益时忽视了地球的生态环境和其他物种的需要。而对于目前的中国而言,实现可持续增长的关键就是创新。在理想的生态社会中,在人与自然的关系中,虽然人处于中心的位置,但不超越自然规律是人类支配和控制自然的前提,因此在发展海洋经济的过程中,必须在尊重自然规律的基础上,有意识地调整人与自然的关系,实现人类与自然的和谐相处。可以说,生态文明意识与生态文明建设不仅是海洋经济发展的重要方面,而且是现实生态文明的关键。对于海洋开发来说,科学技术的运用应当致力于尽可能地提供具有最大使用价值的和最耐用的东西,花费少量劳动、资本和资源就能生产的东西。因此,我们必须把强化生态文明意识与生态文明建设作为发展海洋经济的一项基本任务。否则,海洋生态环境必然会不断地被破坏,海洋生态危机的出现则不可避免。综上所述,生态危机的深刻根源在于资本主义错误的自然观和技术观。资产阶级鼓吹的人类中心主义论片面地强调了人类控制自然,而忽视了自然的可承载能力,由此衍生出的科学技术只能成为人类试图征服自然、剥削自然的工具。如果人类依旧奉行反生态的技术观,那么人类欲望的非理性将致使科学技术的进步只能是专制机器的完善而已。技术的发展将使地球生态危机日益严重,甚至导致人类因资源耗竭、环境污染而无法继续生存与发展。工业革命以来,虽然人类社会经历了飞速的发展,但是这段历史实际上是一段不可持续发展的历史,资产阶级贪婪的本性使追求利润最大化成为人类生产的最主要目的。在这种内在原因的驱使下,科学技术的运用主要以追求更大剩余价值为目的,自然环境必然遭到不断的掠夺与破坏。因此,中国的海洋经济发展必须坚持可持续发展的技术观,科学统筹海洋生态资源、海洋环境保护、海洋科技的发展。这种科技发展观的核心是海洋经济的可持续性,其发展宗旨是考虑当前我们发展海洋经济与后代人继续开发利用海洋资源的双重需要,不能以牺牲后代人的发展空间为代价来满足当代人的发展需求。

二、海洋生态系统知识的薄弱环节可能制约海洋经济的发展

一些科技创新可能会对经济和生态系统产生积极影响,但许多关键问题仍有待回答,这些问题可能阻碍或减缓其在更大范围内的应用。例如,海上浮动式风电场,迄今为止,由于某些系泊系统的广泛生态足迹以及其他原因等用于收集证据的浮动平台太少,但大规模作业可能对(迁徙)鸟类、鱼类和海洋哺乳动物以及海底和底栖生境产生潜在影响;钻井平台/可再生能源基础设施转化为鱼礁,留在原地的基础设施有造成化学污染的风险,已有一些关于鱼类种群影响的研究("种群增加"与"种群吸引"的辩论),但对其他生态系统的影响(生物多样性、底栖生境等)很少进行深入研究;压舱水处理,有关的实际实施以及现有技术在不同海洋环境中的有效性的问题,对水生生物在海洋中扩散方式的认知等有待深入研究;海洋水产养殖,目前在世界范围内开展的公海养殖项目很少,技术障碍很大,有关生态系统影响的数据薄弱,影响波及区域大,作业方面担忧较多;公海水产养殖的一个大问题是这种集约化、大容量的养殖活动会对养殖区以及海洋承载能力造成影响;关于这种规模的生态系统影响的数据非常有限,因此设定具有生态意义的参照区(如最小距离、深度和流速)的基准尤其具有挑战性;由于只有极少数的浮动式风力平台可以实现商业化规模运营,因此,在了解海洋环境潜在弊端方面仍然存在空白,其中包括对(迁徙)鸟类、鱼类和海洋哺乳动物以及对海底和底栖生境的影响。

三、海洋科技创新发展的政策环境

近年来,人们日益认识到海洋可持续发展的重要性,从而在国家、区域和全球层面提出了许多新的海洋举措。同时,在众多新技术的出现、数字化以及国家研究计划重新确定工作重点的推动下,更加促进了广泛的科学、研究与创新政策格局的迅速发展。总之,这些变化为开发可持续海洋经济的创新提供了大量机遇。

在不到十年的时间里,海洋已逐渐成为经济增长和就业的重要来源。与此同时,人们越来越认识到海洋是一个脆弱的环境。气候和天气状况是人类(尤其是在沿海地区的居民)赖以生存的条件。过度开发、人类活动造成的各种污染以及气候变化都会破坏海洋的长期稳定作

用,也会破坏海洋在合理利用情况下能产生的社会经济收益。

在上述背景下,国家、区域和全球层面与海洋治理有关的举措成倍增加,例如,制定了涉海的联合国可持续发展总目标,并确定了 2020 年的目标;2017 年在纽约举行了联合国海洋大会;宣布联合国海洋科学促进可持续发展十年计划(2021—2030 年);联合国政府间气候变化专门委员会发表第一份关于海洋和冰冻圈的报告,报告提供关于海洋健康状况的重要信息;2018 年 9 月在纽约联合国总部召开了国家管辖范围以外区域海洋生物多样性的养护和可持续利用问题国际协定谈判政府间大会第一次会议。经过持久探索,全球海洋治理已经形成以联合国为中心,开放包容、平等协商为基本原则,促进共赢、普惠为目标,由《联合国海洋法公约》《生物多样性公约》及联合国教科文组织政府间委员会、联合国海洋大会等国际公约、机构、地区条约和合作机制构成的多边秩序。这些规则和制度为主权国家之间开展国际和区域海洋治理合作确立了规范和框架,也使得全球海洋治理取得了许多具有重要意义、令人鼓舞的进展与突破。我国在“十四五”时期协调推进海洋资源保护与开发,把海洋资源保护、开发、合作与维权纳入“十四五”规划,制定发展战略,明确海洋生态污染防护重点,统筹近岸、近海,合理开发岸线、滩涂、浅海、岛礁资源,兼顾深海、远洋和极地,加大开放合作,维护海洋权益。

四、渐进性技术在海洋经济中的应用

在今后的几十年中,通过技术赋能,能够改善诸多海洋活动的效率、产能和成本结构,比如科学研究、生态系统分析,航运、能源、渔业和旅游业等海洋活动。这些技术包括先进材料、纳米技术、生物技术(包括遗传学)、海底工程技术、成像和物理传感器、卫星技术、电子计算机化和大数据分析、自主系统(见表 6-2)。除了渐进性技术创新,各种技术的涌现和融合,也有望给海洋知识的获取和海洋产业活动带来根本性的转变。

表 6-2　部分渐进性技术及其在海洋经济中的应用

渐进性技术	在海洋经济中的应用
先进材料	能够使海上油气田装备、海上风力发电装备、海水养殖装备、潮汐能装备等结构更坚固、更轻便、更耐用
纳米技术	具有自诊断、自修复和自清洁功能的纳米级材料,用于涂料、能量存储和纳米电子学
生物技术(包括遗传学)	水产养殖中的物种选育、疫苗和食品开发。用于药品、化妆品、食品和饲料的新型海洋生物化学物质研发。藻类生物燃料和新兴海洋生物产业
海底工程技术	水下电网技术、深水电力传输、海底电力系统、管道安全、浮动式结构物的系泊和锚固等
成像和物理传感器	依靠微型化和自动化的智能传感器、技术和平台,可以打造用于海洋环境测量的低功耗、低成本设备
卫星技术	光学、图像、传感器分辨率、卫星传输数据的质量和数量以及小型、微型和纳米卫星覆盖范围扩大等方面的改进可能会将许多设想变成现实
电子计算机化和大数据分析	智能计算系统和机器学习算法,旨在充分利用整个海洋经济产生的大量数据

渐进性技术	在海洋经济中的应用
自主系统	自主水下潜器(AUV)、无人遥控潜水器(ROV)和自主水面航行器(ASV)将大幅度扩大布放范围

资料来源:经济合作与发展组织(OECD).海洋经济 2030.北京:海洋出版社,2020.

第六节 ◉ 我国海洋科技的发展重点

一、海洋科学研究

1.海洋与气候变化

气候变化已经成为全球关注的重大问题,也是重大的科学问题。占地球表面71%面积的海洋对全球气候具有决定性的影响。气候规律、气候变化的机理等都深埋在海洋里。不管是为了挖掘气候变化的根据,还是为了寻找遏制气候异常变化的方法,都应研究海洋,研究海洋与大气之间的相互作用,研究海洋—大气—大陆之间的相互作用。

气候异常变化已经构成对全球的威胁,我国也已经感受到这种威胁。研究海洋与气候之间的科学问题,为解释或解决全球气候异常变化有所作为既是我国经济和社会发展的需要,也是对全人类的贡献。《国家"十二五"海洋科学和技术发展规划纲要》确定的"重点支持"领域之一就是"海洋与气候"。应该继续在这个领域组织力量,推进实施,争取解决其中若干关键的科学难题。

2.海洋与生命起源

科学事业的发展规划应该尊重科学自身的规律,回答与经济社会发展没有直接关系的基础科学问题也是科学的使命。我国还应投入力量研究更具"基础"性特征的科学问题。深海生命现象以及这类生命现象与生命起源的关系,这类生命现象对解释生命起源所可能产生的帮助,这类生命现象对发现生态规律、解释生态变化的原因和机理等可能具有的作用等,都非常值得研究。可以说深海生命现象既是待解的科学难题,又是解决其他科学难题的钥匙。我国应当在解决这些难题上投入力量,并努力掌握这把科学的钥匙。

3.极地综合研究

我国在南极科考上已经取得了举世瞩目的成就。中国第 40 次南极考察人员于 2023 年11 月 1 日从国内出发,依托"雪龙"号和"雪龙 2"号船分别在东南极普里兹湾、宇航员海等 5个海域开展生物生态、水体环境等综合调查监测。同时,依托昆仑站、中山站、长城站开展各项环境的综合调查监测,深入研究南极在全球气候变化中的作用,努力为人类和平利用南极做出新的更大贡献。2024 年 2 月 7 日,中国第 5 个南极考察站秦岭站开站。秦岭站所处的罗斯海区域,被认为保存着地球罕见的完整海洋生态系统,该站独特的地理位置能够带来差异化的科考价值,是对我国现有科考布局的有益补充。与南极科考几乎具有相同价值的是北极科考。我国在成立之前就已经享有在北极地区开展科学研究的法定权利。近年来,我国在北极科考上也投入了精力,并取得了一些研究成果。

4.生态科学研究

人类行为,主要是陆地上的人类行为对地球生态系统,如对生物多样性的危害正在加大,与人类行为有关的气候变化正在威胁着地球生态系统的健康。人类需要找到遏制生态系统退化的办法,需要找到医治生态系统创伤、恢复生态系统健康,或重建受害生态系统的途径,需要探寻生态系统适应气候变化以及其他不利变化的能力或条件等。

我国是《生物多样性公约》的缔约国。依照《生物多样性公约》的规定,我国有义务"促进和鼓励有助于保护和持续利用生物多样性的研究"。我国加强生态科学研究,既是对国际公约义务的履行,又可以回答关于生态保护的理论难题,还可以为我国的生态保护工作提供科学依据。

二、海洋技术

1.海水养殖技术

我国是海洋养殖业最发达的国家之一。但是,在这方面发达并不等于科学养殖的水平高。我们已经把海洋渔业列为国家"战略扶持产业",对这个产业发展所需要的技术应优先发展。《国家"十二五"海洋科学和技术发展规划纲要》在"突破海洋开发关键技术,培育战略性新兴产业"一节首列"海洋生物资源开发与高效综合利用技术",其中列举了一系列海水养殖技术,包括:"数字化、集约化的养殖技术""重要海水养殖生物的良种选育及扩繁、生殖调控及性别控制理论和技术""优质环保饲料""重大病害防治和环境调控原理与技术""适于水深20米~40米海域自动化养殖设施与技术""海洋牧场建设和评估技术"等。在这些技术之外,精确渔业技术也是海水养殖中可以广泛使用的技术。另外,我国为了给深水区海水养殖提供强有力的技术支持,应尽快提供深水网箱养鱼技术并为这些技术的完善做长期跟踪研究。

减少污染的养殖技术应当列为我国海水养殖技术发展的重点。随着近海渔业资源的衰减和养殖产业迅猛发展,海水养殖业也由半集约化养殖方式转为高度集约化养殖方式。对鱼产品进行高密度放养,这种养殖方式导致生产中产生的鱼体排泄物、未被鱼类吸收的饵料、氮、磷等营养要素以及抗生素药物大量进入海水,造成水质恶化。如何让海水养殖活动少产生甚至不产生污染应当列为亟待解决的技术难题。多层次生态养殖技术、工厂化循环水养殖等都有助于解决这一难题。多层次生态养殖是以维持养殖生态系统平衡的理念为指导的,其基本原理就是利用不同层次营养级生物的生态学特性,在养殖环节使营养物质循环重复利用。这种养殖技术不仅可以减少养殖自身的污染,还可以生产出多种有营养价值的养殖产品。

2.船舶制造技术

《中华人民共和国国民经济和社会发展第十四个五年规划和2035年远景目标纲要》(以下简称"十四五"规划纲要)中的第四章"强化国家战略科技力量"、第八章"深入实施制造强国战略"、第九章"发展壮大战略性新兴产业"、第十一章"建设现代化基础设施体系"、第三十三章"积极拓展海洋经济发展空间"等章节,均涉及船舶及海工产业,且有些内容是首次出现。国家对发展船舶工业和船舶制造技术都有长远的规划。

船舶制造并非新兴产业,船舶制造技术也是历史悠久的技术门类,但在今天,海洋装备技术和船舶工业的发展仍然可以说正迎来一个前所未有的历史机遇,正处在一个发展的加速上升阶段。这是因为,船舶技术正经历着一场超越传统的更新与变革,船舶制造技术也正进入一个基于信息化技术提升质量和管理效率的新时期。我国发展船舶工业正逢这个历史机遇,而我们主张把船舶制造技术纳入国家海洋科学技术战略是为了帮助中国的船舶工业更牢地抓住这个历史机遇。船舶技术的更新与变革并非仅仅表现为船体内装备的"更新与变革"，而且还包括与信息技术进步、材料科学的进步等相适应的新型船舶、特种船舶的建造。科学考察船、救捞作业船、大型工程船、个性化游艇以及远洋渔船等的制造，这些船舶上需要配备的救捞装备、工程装备、捕捞加工装备等的制造，都需要有技术研发走在前头。

3.海洋油气资源勘探开发技术

国家海洋经济战略的内容之一是锻造资源（能源）磁铁。毫无疑问，这一"磁铁"首先要吸附的是能源资源，而且主要是海洋油气资源。"磁铁"要吸附更多的油气资源，就必须先有足够强大的吸附力。海洋油气资源勘探开发技术就是要努力增加"磁铁"吸附力的技术。

显然，我国目前的油气资源开发技术还不够高。虽然深海油气资源勘探开发技术早已引起我国政府的高度重视，也取得了较大的发展，例如，一批近海、深水油气田、勘探开发关键技术与重大装备已投入应用，3 000 m半潜式钻井平台等大型海洋工程装备研制已取得突破，但是，海洋资源勘探开发技术总体水平相对落后仍然是我国海洋经济、海上安全、海洋环境保护等海洋事业发展的重要制约因素。

海洋油气资源勘探开发技术的发展应当沿着以下三条路向前发展：一是与我国现有勘探开发技术水平比较接近的近海勘探开发技术的提高；二是针对我国已知油气矿藏海域的地质构造和油气蕴藏特点发展勘探开发技术；三是攻克深海油气资源勘探开发的常规技术，追赶甚至超过世界先进水平。

4.海底矿产资源勘探开发技术

前已述及的资源（能源），"磁铁"要吸附的对象除石油、天然气等油气资源外，还包括其他矿产资源。海底，尤其是国际海底，显然是一个勘探开发不充分的区域。据相关专家估计，水深超过2 000 m的深海，约占海洋总面积的90.3%，是海洋的主体部分。这个广大的区域仍有95%处于研究空白和待开发状态。我国较早启动了海底矿产资源勘探开发技术的研发，但进展不够理想，收效不够明显。从勘探实践来看，天然气水合物资源量尚未正式勘查，海底多金属结核等矿产基本没有开采。我国资源短缺，海底又埋藏着我们需要的资源，为什么不去开采呢？除了开采成本较大影响了海底资源进入商业化开采的进程之外，许多技术问题尚未解决或现有技术未过关是关键。例如，深海作业技术。如果不能解决大深度水下运载技术、深海作业装备技术、深海空间站技术、高保真采样和信息远程传输技术等问题，就很难对海底多金属结核矿等开展商业开采。再如，南海海底就有天然气水合物埋藏，但是，在没有解决开采天然气水合物的钻井技术、天然气水合物的安全开采技术等问题之前，这种资源也只能是潜在资源。

根据海底矿产资源勘探开发的实际需要，海底矿产资源勘探开发技术的发展可以走通用技术和专用技术双管齐下之路。所谓通用技术，是指海底勘探开发的通用技术，如水下装备技术、水下运载技术等。所谓专用技术，是指勘探开发特定种类的矿产资源所需要的技术，如天然气水合物的开发技术、开发活动的环境影响控制技术等。天然气水合物的开发远没有油气资源开发那么容易，或者说此类开发技术远没有油气资源开发技术那样成熟。如热激发开采法、减压开采法、化学试剂注入开采法等都存在缺陷。形成天然气水合物的主要气体为甲烷，而甲烷是强温室气体。在天然气水合物的开采过程中，如果不能对甲烷气体进行有效控制，就会对环境造成不利影响。到目前为止，这种环境影响防治技术依然是摆在海洋技术界面前的难题。

5.海洋生物技术

海洋生物技术是许多沿海国家普遍关注的技术领域。不仅美国、日本、挪威、澳大利亚、英国、德国等发达国家先后制订了国家发展计划,把海洋生物技术确定为21世纪优先发展领域,而且包括中国、印度、墨西哥等发展中国家,也不失时机地把海洋生物技术的研究提到国家发展的日程上来。总体来说,海洋生物技术是国际上重点发展的海洋高新技术领域之一,而我国在这个领域也取得了巨大的进步。其中包括攻克了一批海洋药物、生物制品研究开发等关键技术,海洋生物功能基因研究进入世界先进行列。

我国是海水养殖大国,以养殖方式生产更多的水产品是我国海洋事业需要长期承担,甚至永远承担的任务。因此,我国应当大力发展海洋动植物养殖生物技术,并在全球取得领先地位。如果说海洋渔业是我国的战略扶持产业,那么,海洋动植物养殖生物技术也应当列入国家战略扶持的技术领域。我国的海洋制药,包括其所利用的海洋天然产物生物技术已经取得了较为领先的地位,而这项技术应用前景十分广阔。国家应花气力保持已经取得的领先,并争取取得引领相关技术发展方向的地位。海洋环境污染既是全球性的难题,也是我国的难题。我国近海污染越来越严重。国家为应对环境污染已经采取了若干措施,但海洋环境保护的形势却从未让人感到乐观。国家应当大力发展海洋环境生物技术,为治理海洋污染储备和使用这种不产生二次污染的技术。

6.海水利用技术

海水利用是指沿海城市工业和居民生活的海洋直接利用、海水淡化和海水的化学物质提取,应用有关技术形成的产业则可称为海水利用技术产业。海水淡化无疑有广阔的前景,这是因为淡水缺乏已经成为全球性问题,而这一问题在我国尤其严重,在我国的北方比南方更为严重。我国水资源有2.81万亿 m³,总量不算小,但人均淡水资源只有世界人均水平的3/10。因而我国被联合国列为世界上水资源严重紧缺的21个国家之一,我国经济和社会的进一步发展必将提出更大的淡水资源需求。但是,我国目前的海水淡化技术不仅无法满足经济社会发展所提出的淡水需求,而且远远没有达到其他海水淡化先进国家的水平。我国大陆的海水直接利用总规模不大、利用分布范围也不算广泛。海水化学物质提取技术在我国的利用价值巨大,从海水中可以提取的化学物质恰好可以弥补我国相关资源存量不足的缺陷。钾、溴、硫、镁等都是可以从海水中提取的。尽管经济和社会发展需要我们从海水中提取化学物质,但我国目前的提取能力还明显不足。

海水利用市场需求强烈,应用前景广阔,现在缺少的就是利用技术。根据这种情况,海水利用技术的研发应当成为我国海洋技术的战略重点。从海洋淡化、海水直接利用、海水化学物质提取现有技术和相关产业发展遇到的技术瓶颈来看,国家应当将用于海水淡化的大型化低温多效技术、大型反渗透工程技术、反渗透膜制作技术,用于海水直接利用的超大型海水循环冷却技术及装备制作技术,以及耐腐蚀材料,防腐涂层,阴极保护,防生物附着等技术,用于海水提取化学物质的无机离子交换法海水、卤水提钾技术等列为海洋技术发展的重点。

7.海洋能源开发技术

海洋能源是依附于海水中的能源。其基本存在形式是波浪、海流、潮汐、潮流、温差等。由于海洋能源是清洁的可再生能源资源,所以我们也可以称其为海洋可再生能源资源。相应地,海洋能源开发技术也可称为海洋可再生能源资源开发技术。

首先,能源减少、能源供需矛盾加剧是全球共同面临的压力。开发海洋能源可以缓解传统化石能源供应不足给经济和社会发展带来的压力,纾解发展中国家遭遇的能源"瓶颈"。其次,在环境保护上人类正遭遇双重的打击:一方面是污染不断加剧,包括海洋污染,尤其是油类污染难以消解;另一方面是由温室气体排放造成的全球气候变化。这双重的压力都与化石能源的开发使用有关,或者说在一定程度上都是由化石能源的开发利用造成的。海洋能源是清洁能源,它既不会产生传统化石能源那样的污染,也不会释放传统化石能源使用过程中产生的温室气体。因此,开发使用海洋能源资源,有利于减少化石能源的使用,从而有利于减轻污染,缓解温室气体排放对全球气候系统的压力。最后,海洋能源开发利用可以为远海活动提供能源供应。这是由海洋能源在海洋上分布广泛的优势决定的。开发远海海洋能源,可以为执行远海作业的船舶提供能源,使这些作业船舶可以摆脱对陆上能源或港口提供的能源的依赖。

我国海洋能源资源比较丰富,海洋能源开发有广阔的空间。开发海洋能源,除可弥补能源供应不足、减少能源使用带来的污染、为远海活动提供能源供应便利等之外,还有一种独特的区位优势,那就是为经济社会发展的发达地区就近提供能源供应,降低能源输入成本。我国对开发海洋能源资源给予了重视。早在1995年,国家计委、国家科委、国家经贸委便印发了《新能源和可再生能源发展纲要》(计办交能〔1995〕4号)。在有关部门的领导和支持下,我国海洋能源开发技术研究取得长足进步。《国家"十二五"海洋科学和技术发展规划纲要》确认,我国在"海洋技术创新"方面取得的新突破包括"潮汐能、波浪能发电技术开始示范运行,海上风能发电技术实现商业化应用",为我国海洋能源开发技术的进一步研发提供了经验和较高的技术起点。

在以往已经取得的成就的基础上,我国海洋能源开发技术的未来发展应当注意以下几个方面:第一,应研究大规模海洋能源开发技术。只有实现了大规模开发,才能把海洋能源的潜在优势变为实际存在的优势,真正发挥替代化石能源的作用。第二,应大力研发对环境无污染、少污染的海洋能源开发技术。虽然海洋能源被称为清洁能源,但这绝不意味着海洋能源的开发不会对环境造成污染。消除或降低能源开发带来的负面环境影响,是海洋能源开发应有的优势。我们应努力使这种优势更加明显。第三,因地制宜、因事制宜,发展实用的海洋能源开发技术。海洋能源分布范围广、不同类型的海洋能源的分布各不相同,国家应根据经济和社会发展的现实需要,优先发展在特定地区、特定生产生活领域需求迫切的开发技术。第四,海洋能源开发技术与海洋油气资源、其他矿产资源开发技术的协调发展。油气资源、其他矿产资源与海洋能源资源的存在条件的一致性或关联性,油气资源、其他矿产资源开发与海洋能源开发在产业链条上的关联性,为海洋能源开发技术与油气资源、其他矿产资源开发等技术的一体化发展提供了前提条件。应当充分利用这个前提条件,提高技术研发的效率。

思考题

1. 根据产生原因,海洋原生环境问题主要包括哪些? 次生环境问题主要包括哪些?
2. 什么是海洋污染? 现阶段主要海洋污染有哪些?
3. 浅谈应对海洋资源枯竭与破坏的相关措施。
4. 海洋经济可持续发展的内涵与特征是什么?
5. 渐进性技术在海洋经济中可发挥什么作用?
6. 浅谈现阶段我国海洋技术的主要发展特点。

参考文献

[1] 白玉湖,李清平.基于海洋油气开采设施的海洋新能源一体化开发技术[J].可再生能源,2010,28(02):137-140+144.

[2] 曾文婷."生态学马克思主义"研究[M].重庆:重庆出版社,2008.

[3] 陈斌,王蜜蕾,邹亮,等.海洋自然资源分类体系探究[J].中国地质调查,2023,10(03):84-94.

[4] 陈国生,叶向东.海洋资源可持续发展与对策[J].海洋开发与管理,2009,26(09):104-110.

[5] 陈立奇,何建华,林武辉,等.海洋核污染的应急监测与评估技术展望[J].中国工程科学,2011,13(10):34-39+82.

[6] 陈林生,李欣,高健.海洋经济导论[M].上海:上海财经大学出版社,2013.

[7] 陈平.海洋开发可持续发展战略思考[J].海洋开发与管理,2012,29(01):37-39.

[8] 陈秋玲,李骏阳,聂永有.中国海洋产业报告:2012—2013[M].上海:上海大学出版社,2014.

[9] 陈志敏.关于投资项目中的国民经济评价[J].基建优化,1999(02):38-41.

[10] 程娜.可持续发展视阈下中国海洋经济发展研究[M].北京:社会科学文献出版社,2017.

[11] 崔旺来,钟海玥.海洋资源管理[M].青岛:中国海洋大学出版社,2017.

[12] 董恩和,林建杰,罗俊荣,等.我国公海渔业发展现状、影响因素与应对措施[J].渔业信息与战略,2022,37(01):12-18.

[13] 段黎萍.欧盟海洋生物技术研究热点[J].生物技术通讯,2007(06):1053-1056.

[14] 高从堦.加快我国海水利用技术产业发展及政策[J].中国海洋大学学报(社会科学版),2004(03):4.

[15] 郭锐,孙天宇.韩国"新北方政策"下的北极战略:进程与限度[J].国际关系研究,2020(03):136-153+159.

[16] 国家发改委,国防科工委.船舶工业中长期发展规划:2006—2015年[J].船舶标准化工程师,2008,41(04):1-5.

[17] 连琏,孙清,陈宏民.海洋油气资源开发技术发展战略研究[J].中国人口·资源与环境,2006(01):66-70.

[18] 刘峰,郝彦菊,吕冬伟,等.山东蓝色经济区建设需要发展环境友好型海水养殖业[J].水产养殖,2011,32(12):34-36.

[19] 刘峰,刘予,宋成兵,等.中国深海大洋事业跨越发展的三十年[J].中国有色金属学

报,2021,31(10):2613-2623.

[20] 刘凤朝,孙玉涛.我国科技政策向创新政策演变的过程、趋势与建议:基于我国289项创新政策的实证分析[J].中国软科学,2007(05):34-42.

[21] 卢布,吴凯,杨瑞珍,等.我国"十一五"海洋资源科技发展的战略选择[J].中国软科学,2006(07):42-47.

[22] 陆得彬.制订优惠政策推进新能源事业的发展[J].能源工程,1996(01):4-5.

[23] 陆铭.国内外海洋高新技术产业发展分析及对上海的启示[J].价值工程,2009,28(08):54-57.

[24] 路保平,侯绪田,柯珂.中国石化极地冷海钻井技术研究进展与发展建议[J].石油钻探技术,2021,49(03):1-10.

[25] 茅飞鸿,杨桦.我国内源性农业污染治理研究[J].农村经济与科技,2022,33(17):59-61.

[26] 梅琳.国际海底区域资源开发及我国的应对策略[J].经济师,2021(04):84-85+88.

[27] 屈强,刘淑静.海水利用技术发展现状与趋势[J].海洋开发与管理,2010,27(07):20-22.

[28] 屈强,张雨山,王静,等.新加坡水资源开发与海水利用技术[J].海洋开发与管理,2008(08):41-45.

[29] 屈强,张雨山,王静,等.香港特别行政区的海水利用技术[J].海洋开发与管理,2008(12):17-21.

[30] 任建国.我国海洋科学"十一五"发展战略与优先资助领域[J].中国科学基金,2007(01):7-13.

[31] 沈骥如.21世纪中国国际战略"路线图"[J].决策与信息,2010(08):21-23.

[32] 宋美霖.海洋重金属污染及其对海藻的毒害作用[J].皮革制作与环保科技,2021,2(18):99-100.

[33] 唐森铭,商照荣.近海辐射环境与生物多样性保护[J].核安全,2009(02):1-10.

[34] 唐先博,黄明健.我国海洋生态文明的法律体系:结构、问题及对策[J].湖南省社会主义学院学报,2017,18(05):94-96.

[35] 魏明辉.从实施《联合国海洋法公约》谈《海上交通安全法》[J].中国海事,2008(03):30-33.

[36] 吴志纯.发展中的海洋生物技术[J].中国科学院院刊,1990(01):33-39.

[37] 熊敏思,吴祖立,陆亚男,等.我国参与公海保护区建设的战略选择:基于SWOT-PEST的分析[J].渔业信息与战略,2016,31(03):163-168.

[38] 徐洵.海洋生物技术与资源的可持续性利用[J].中国工程科学,2000(08):40-42.

[39] 徐玉如.积极发展海洋装备 维护国家海洋权益[J].科学中国人,2006(11):25-27.

[40] 杨宝灵,姜健,桂佳,等.海洋生物技术研究现状与前景展望[J].大连民族学院学报,2005(01):67-70.

[41] 杨震,刘丹.中国国际海底区域开发的现状、特征与未来战略构想[J].东北亚论坛,2019,28(03):114-126+128.

[42] 杨子江.周应祺:关于中国渔业科技中长期发展战略研究的对话[J].中国渔业经济,2008,26(05):103-112.

[43] 姚景源.以创新推动中国经济可持续增长[J].经济纵横,2012(10):1-2.

［44］姚文清.福建省海洋开发与可持续发展战略［J］.华侨大学学报（哲学社会科学版），1999（S1）:106-111.

［45］叶素芬，张珞平，陈伟琪.海洋放射性污染生态风险评价研究进展［J］.生态毒理学报，2016,11（06）:1-11.

［46］游亚戈，李伟，刘伟民，等.海洋能发电技术的发展现状与前景［J］.电力系统自动化，2010,34（14）:1-12.

［47］张洪吉，李绪平，谭小琴，等.浅议自然资源分类体系［J］.资源环境与工程，2021,35（04）:547-550.

［48］郑贵斌.海洋经济创新发展战略的构建与实施［J］.东岳论丛，2006（02）:81-85.

［49］郑淑英.科技在海洋强国战略中的地位与作用［J］.海洋开发与管理，2002（02）:41-43.

［50］周百成.海洋生物技术:机遇和挑战并存的新领域［J］.生物工程进展，1997（06）:51-54.

［51］施建臣，史大林.关于在南沙群岛海域设立"南海牧场"的建议［J］.中国发展，2024,24（01）:41-44.

［52］王东辉，刘猛.黄海屏障外长山列岛［J］.国防，1990（12）:41.

［53］史磊，秦宏，刘龙腾.世界海洋捕捞业发展概况、趋势及对我国的启示［J］.海洋科学，2018,42（11）:126-134.

［54］赵鹏."十四五"时期我国海洋经济发展趋势和政策取向［J］.海洋经济，2022,12（06）:1-7.